U0311049

全国机械行业高等职业教育教学改革精品教材

焊接结构制造工艺

主编　蔡郴英　邱葭菲
参编　王瑞权　杨新华　宋学平
主审　谢长林（企业）　杜国华（企业）

机械工业出版社

本书以焊接结构制造工艺过程为导向，主要介绍了焊接结构制造过程的工艺特点、工艺装备，制造中的变形与应力控制及典型焊接结构的制造工艺等知识。本书共分八单元，包括焊接结构制造概述，焊接结构的变形与应力，焊接结构的备料工艺，焊接结构的装配工艺，焊接结构的焊接工艺，典型焊接结构的制造工艺，焊接结构的装焊工艺装备，焊接结构制造的组织与安全技术。每单元配有工程应用实例和职业资格考证训练题。

　　本书可作为高等职业院校、高等专科学校、成人高校及应用型本科院校焊接类专业教材，亦可供有关工程技术人员参考。

　　为方便教学，本书配备电子课件等教学资源。凡选用本书作为教材的教师均可登录机械工业出版社教育服务网www.cmpedu.com 注册后免费下载。如有问题请致信 cmpgaozhi@ sina.com，或致电 010-88379375 联系营销人员。

图书在版编目（CIP）数据

　　焊接结构制造工艺/蔡郴英，邱葭菲主编. —北京：机械工业出版社，2016.10
　　全国机械行业高等职业教育教学改革精品教材
　　ISBN 978－7－111－55012－9

　　Ⅰ.①焊… Ⅱ.①蔡…②邱… Ⅲ.①焊接结构－焊接工艺－高等职业教育－教材 Ⅳ.①TG404

　　中国版本图书馆 CIP 数据核字（2016）第 238131 号

机械工业出版社（北京市百万庄大街22号　邮政编码100037）
策划编辑：赵志鹏　责任编辑：赵志鹏　杨　璇
封面设计：鞠　杨　责任校对：刘秀丽
责任印制：常天培
北京京丰印刷厂印刷
2017 年 1 月第 1 版·第 1 次印刷
184mm×260mm · 10 印张 · 240 千字
0 001—3 000 册
标准书号：ISBN 978－7－111－55012－9
定价：23.00 元

前　言

本书是在进一步贯彻落实《国务院关于大力推进职业教育改革与发展的决定》和教育部《关于全面提高高等职业教育教学质量的若干意见》及全国高等职业教育改革与发展有关精神，加强职业教育教材建设，满足职业院校深化教学改革对教材建设要求的新形势下编写而成的。

本书共分八个单元，包括焊接结构制造概述，焊接结构的变形与应力，焊接结构的备料工艺，焊接结构的装配工艺，焊接结构的焊接工艺，典型焊接结构的制造工艺，焊接结构的装焊工艺装备，焊接结构制造的组织与安全技术。每单元配有工程应用实例和职业资格考证训练题。

本书力求体现以下特色。

1) 体现科学性和职业性。本书编写贯彻以焊接结构制造工艺过程为导向，体现校企合作、工学结合的职业教育理念，体现"以就业为导向，突出职业能力培养"精神。本书内容反映职业岗位能力要求，与焊工国家职业标准及焊工职业资格认证有机衔接，实现理论与实践相结合，以满足"教、学、做合一"的教学需要。

2) 体现应用性和实用性。本书内容以应用性和实用性为原则选取，以必需、够用为度，对教学内容重组整合，使教学内容与生产实际零距离，教学过程与生产过程有机对接。

3) 突出理论与实践一体。本书编写突出理论与实践的紧密结合，注重从理论与实践结合的角度阐明基本理论。每单元都有精选的来自生产一线的典型应用实例供学生理解、消化。同时为便于职业资格考证，每单元配有与之相适应的职业资格考证训练题。

4) 注重先进性和创新性。本书编写注重知识的先进性，体现焊接新技术、新工艺、新方法、新标准，使学生在第一时间学习到新知识、新技术、新技能，以适应职业和岗位的变化，有利于提高学生可持续发展的能力和职业迁移能力，同时本书还注意体现创新能力培养。

5) 体系模式新。本书按照焊接结构制造工艺流程来整合相关知识，符合学生的认知规律，层次分明，条理清晰，知识连贯性强，便于教与学。本书文字流畅，简明扼要，图文并茂，通俗易懂。此外，书中还对易混淆、难理解的知识点用"小提示"方式加以提醒。

6) 校企互补的编审队伍。除院校的专业骨干教师外，还邀请了实践经验丰富的企业高级工程师和技艺高超的全国技术能手审阅稿件，使本书成为校企合作的结晶。

本书由蔡郴英、邱葭菲主编。浙江机电职业技术学院王端权编写第六单元，陕西工业职业技术学院杨新华、兰州石化职业技术学院宋学平编写第八单元，重庆工业职业技术学院蔡郴英编写第一、二、三单元，其余单元由重庆工业职业技术学院邱葭菲编写。杜国华教授级高工、谢长林高工进行了审稿。

本书在编写过程中，参阅了大量国内外出版的有关教材和资料，充分吸收了国内多所高职院校近年来的教学改革经验，得到了许多专家的支持和帮助，在此一并致谢。

由于编者水平有限，书中难免有疏漏和错误，恳请有关专家和广大读者批评指正。

编　者

目　　录

第一单元　焊接结构制造概述

焊接结构就是将各种材料采用焊接方法加工而成的，能承受一定载荷的金属结构。焊接结构随焊接技术的发展而产生，从 20 世纪 20 年代开始得到了越来越广泛的应用。第一艘全焊远洋船是 1921 年建造的，但开始大量制造焊接结构是 20 世纪 30 年代以后的事情。伴随焊接结构的发展也发生了一些事故，如 20 世纪 30 年代末有名的比利时全焊钢桥的断裂和第二次世界大战期间紧急建造的 EC2 货轮的断裂等。随着冶金和钢铁工业的发展，一些新工艺、新材料、新技术不断涌现，以及焊接技术和理论的发展，更重要的是国民经济和军事工业发展的需要，大大推动了焊接结构及焊接制造生产工艺，使其获得了迅猛的发展。

模块一　焊接结构特点及分类

一、焊接结构的特点

1. 焊接结构的优点

焊接结构与铆接结构、锻造结构及铸造结构等相比，具有下列优点。

（1）焊接接头的强度高　由于铆接需要在母材上钻孔，因而削弱了接头的工作截面，使接头强度低于母材。而焊接接头的强度、刚度一般可与母材相等或相近，能够承受母材所要求承受的各种载荷。

（2）焊接结构设计的灵活性大　通过焊接，可以方便地实现多种不同形状和不同厚度的材料的连接，甚至可以将不同种类的材料连接起来，也可以通过与其他工艺方法联合使用，使焊接结构的材料分布更合理，材料应用更恰当。

（3）焊接接头的密封性好　焊缝处的气密性能和水密性能是其他连接方法所无法比拟的。特别在高温、高压容器结构上，只有焊接才能做到最理想的使用性能要求。

（4）焊接结构适用性广泛　焊接结构适用于大型、重型和单件小批量生产的产品结构制造，如船体、桁架和球形容器等。在制造时一般先将几何尺寸大、形状复杂的结构进行分解，对分解后的零件或部件分别进行加工，然后通过总体装配、焊接形成一个整体结构。

另外，焊接还具有焊前准备工作简单、成品率高、节省生产成本等优点。

2. 焊接结构的缺点

1）焊接结构对于脆性断裂、疲劳破坏、应力腐蚀和蠕变破坏等都比较敏感。

2）焊接结构中存在残余应力和变形，不仅影响焊接结构的外形尺寸和外观质量，而且给后续加工带来许多不便，甚至影响结构强度。

3）焊接会改变材料的部分组织和性能，使焊接接头附近变为一个不均匀体，即具有几何尺寸的不均匀性、力学性能的不均匀性、化学成分的不均匀性和金属组织结构的不均匀性。

4）在焊接过程中，对于一些高强度的材料，因其焊接性能较差，焊缝处容易产生各类焊接缺陷。

上述缺点可通过调整焊接参数，采用正确的结构形式、焊接方法和工艺措施等来有效减少或防止产生。

二、焊接结构的分类

焊接结构难于用单一的方法将其分类。按照制造结构板件的厚度可分为薄板结构、中厚板结构、厚板结构；按照最终产品可分为飞机结构、油罐车结构、船体结构、客车车体结构等；按采用的材料，可分为钢焊结构，铝、钛合金焊结构等。但焊接结构都是由一个或若干个不同的基本构件组成，如梁、柱、桁架、壳体等。

1. 梁、柱和桁架结构

分别工作在横向弯曲载荷和纵向弯曲载荷或纵向压力下的结构可称为梁和柱。由多种杆件被节点连接成承担梁或柱的载荷，而各杆件都主要是承担拉伸或压缩载荷的结构称为桁架。

梁、柱和桁架结构是组成各类建筑钢结构的基础，如高层建筑的钢结构、冶金厂房的钢结构（屋架、起重机梁、柱等）、冶炼平台的框架结构等。它还是各类起重机金属结构的基础，如起重机的主梁、横梁，门式起重机的支腿、栈桥结构等。用作建筑钢结构的梁、柱和桁架常常在静载荷下工作，如屋顶桁架。而作为起重机的金属结构，包括起重机桁架则在交变载荷下工作，有时还在露天条件下工作，由于受气候环境与温度的影响，这类结构的脆性断裂和疲劳问题应引起更大关注。图 1-1 所示为行车梁结构。图 1-2 所示为钢管桁架结构。

图 1-1　行车梁结构

图 1-2 钢管桁架结构

2. 壳体结构

它是充分发挥焊接结构受压、致密的特点，应用最广、用钢量最大的结构。它包括各种容器、立式和卧式储罐（圆筒形）、各种工业锅炉、废热锅炉、电站锅炉的锅筒以及冶金设备（高炉炉壳、热风炉、除尘器、洗涤塔等）、水泥窑炉壳、水轮发电机的蜗壳等。

壳体结构大多用钢板成形加工后拼焊而成，要求焊缝致密。一些承受内压或外压的结构一旦焊缝失效，将造成重大破坏，蒙受巨大损失。图 1-3 所示为焊接的压力容器。

图 1-3 焊接的压力容器

3. 运输装备结构

运输装备结构大多承受动载荷，有很高的强度、刚度、安全性要求，并希望重量较轻，如汽车结构（轿车车体、载货车的驾驶室等）、铁路敞车结构、客车车体结构和船体结构等。而汽车结构全部、客车车体结构大部分又是冲压后经电阻焊或熔化焊组成的结构。图 1-4 所示为焊接的船体结构。图 1-5 所示为汽车的机器人焊接。

图1-4　焊接的船体结构

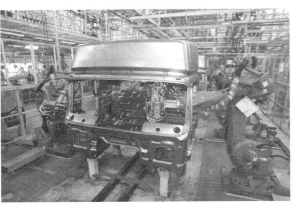

图1-5　汽车的机器人焊接

4. 复合结构及焊接机器零件

这些结构或零件是机器的一部分，要满足工作机器的各项要求，如工作载荷为冲击载荷或交变载荷，还常要求耐磨、耐蚀、耐高温等。为满足这些要求，或满足零件不同部位的不同要求，这类结构往往采用多种材料与工艺制成的毛坯再焊接而成，有的就构成所谓的复合结构，常见的有铸-压-焊结构、铸-焊结构和锻-焊结构等。图1-6所示为直径10.7m、高5.4m、质量440t、耗用焊丝12t的世界最大的三峡水轮机转轮。

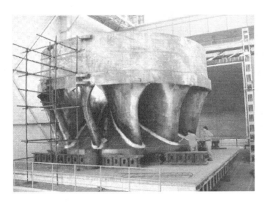

图1-6　世界最大的三峡水轮机转轮

模块二　焊接接头与焊缝

一、焊接接头组成及形式

1. 焊接接头组成

焊接接头由焊缝金属、熔合区和热影响区组成，如图1-7所示。焊缝金属是焊接时填充的金属材料与母材金属熔化结晶所形成的结合部分，其组织和性能不同于母材金属，化学成分分布也不同于母材金属；熔合区是焊缝金属与母材金属交接的过渡区，母材金属处于半熔

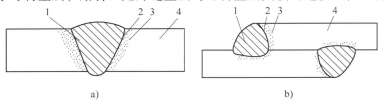

a)　　　　　　　　　　　　　　　　b)

图1-7　焊接接头的组成

1—焊缝金属　2—熔合区　3—热影响区　4—母材金属

化状态，其组织和性能不同于母材金属；热影响区是受焊接热循环的影响，但没有熔化，固态母材金属的组织和性能发生变化的区域。可见，焊接接头是一个成分、组织和性能等具有多样性的不均匀体。

影响焊接接头使用性能的主要因素可归纳为力学和材质两个方面，如图1-8所示。力学方面，如接头形状的改变（焊缝余高和接头错位等）、焊接缺陷（如未焊透和焊接裂纹等）、残余应力和残余变形等都是产生应力集中的根源；材质方面，主要是焊接热循环所引起的组织变化、焊后热处理和焊接残余变形的矫正等。此外，焊接接头因焊缝的形状和布局不同，也将会产生不同程度的应力集中。

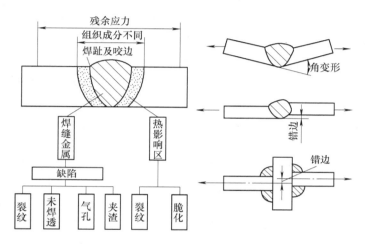

图1-8　影响焊接接头使用性能的主要因素

2. 焊接接头的基本形式

（1）对接接头　对接接头是指两焊件表面构成135°～180°夹角的接头，见表1-1中序号1～6。对接接头受力状况良好，应力集中程度较小，材料消耗少，能承受较大的静载荷和动载荷，是应用最多、比较理想的接头形式，但对接板边缘加工及装配要求较高。

（2）T形（十字）接头　T形（十字）接头是指一焊件的端面与另一焊件表面构成直角或近似直角的接头，见表1-1中序号7～12。这种接头有多种类型（焊透或不焊透、开坡口或不开坡口），可承受各种方向的力和力矩。

开坡口的T形（十字）接头是否能焊透要看坡口的形状和尺寸。这类接头适用于承受动载荷的结构。不开坡口的T形（十字）接头通常是不焊透的。

（3）搭接接头　搭接接头是指把两焊件部分重叠构成的接头，见表1-1中序号13、14。搭接接头的应力分布不均匀，疲劳强度较低，不是理想的接头类型。但由于其焊接准备和装配工作简单，在结构中仍然得到广泛的应用。

（4）角接接头　角接接头是指两焊件端部构成大于30°、小于135°夹角的接头，见表1-1中序号15～18，多用于箱形构件。

（5）端接接头　端接接头是指两焊件重叠放置或两焊件表面之间的夹角不大于30°构成的端部接头，见表1-1中序号19。这种接头不是主要的受力焊缝，常用于焊接结构的连接，多用于密封。

表 1-1　焊接接头的基本类型

序号	简　图	坡口形式	接头形式	焊缝形式
1		I 形	对接接头	对接焊缝（双面焊）
2		V 形（带钝边）	对接接头	对接焊缝 （有根部焊道）
3		X 形（带钝边）	对接接头	对接焊缝
4		U 形（带钝边）	对接接头	对接焊缝
5		双面 U 形（带钝边）	对接接头	对接焊缝
6		单边 V 形（带钝边）	对接接头	对接焊缝与角焊缝的组合焊缝
7		单边 V 形	T 形接头	对接焊缝
8		I 形	T 形接头	角焊缝
9		K 形	T 形接头	对接焊缝
10		K 形	T 形接头	对接焊缝与角焊缝的组合焊缝
11		K 形	十字接头	对接焊缝
12		I 形	十字接头	角焊缝
13		I 形	搭接接头	角焊缝
14			搭接接头	塞焊缝
15		单边 V 形（带钝边）	角接接头	对接焊缝

（续）

序号	简　图	坡　口　形　式	接　头　形　式	焊　缝　形　式
16			角接接头	角焊缝
17			角接接头	角焊缝
18			角接接头	角焊缝
19	0°~30°		端接接头	端接焊缝

二、焊缝形式及表示法

1. 焊缝形式

焊件经焊接后所形成的结合部分称为焊缝。焊缝是构成焊接接头的主体部分，可按工作性质或按其接头形式进行分类。

（1）按工作性质分类的焊缝形式

1）工作焊缝（图1-9a）。工作焊缝是指在焊接结构中承担着传递全部载荷作用的焊缝。焊缝一旦产生断裂，结构就会立即失效，对这种焊缝必须进行强度计算。

2）联系焊缝（图1-9b）。联系焊缝是指焊接结构中不直接承受载荷，只起连接作用的焊缝。它是将两个或两个以上的焊件连成一个整体，以保持其相对位置，此类焊缝通常不进行强度计算。

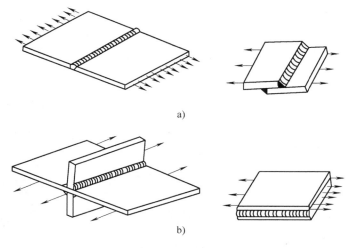

a)

b)

图1-9　焊缝形式

a）工作焊缝　b）联系焊缝

（2）按接头形式分类的焊缝形式

1）对接焊缝。对接焊缝是指在焊件的坡口面间或一焊件的坡口面与另一焊件表面间焊接的焊缝。对接焊缝一般情况下是指对接接头的焊缝，但有时根据结构要求，T形（十字）接头、角接接头也可形成对接焊缝。

2）角焊缝。角焊缝是指沿两直交或近直交焊件的交线所焊接的焊缝。角焊缝在承受力时，其应力集中现象较明显，其承载能力一般比对接焊缝差。

3）端接焊缝。端接焊缝是指构成端接接头所形成的焊缝，常用于要求密封的接头中。

4）塞（槽）焊缝。塞（槽）焊缝是指两焊件相叠，其中一块开有圆孔（长孔），在孔中焊接两板所形成的焊缝。这类焊缝主要用于搭接接头焊缝强度不够或反面无法施焊的情况。

> **小 提 示**
>
> 　对接焊缝连接的接头不一定都是对接接头，也可能是T形接头、十字接头等，角焊缝连接的接头不一定都是角接接头，也可能是对接接头、T形接头、搭接接头等，虽然接头的形式不同，但连接接头的焊缝则是可以相同的。

2. 焊缝符号及其表示方法

焊接图是焊接施工所用的工程图样。要看懂焊接图，就必须了解各焊接结构中焊缝符号及其标注方法。图1-10所示为轴承挂架图，其中多处标注有焊缝符号，说明焊接结构在加工制作时的基本要求。

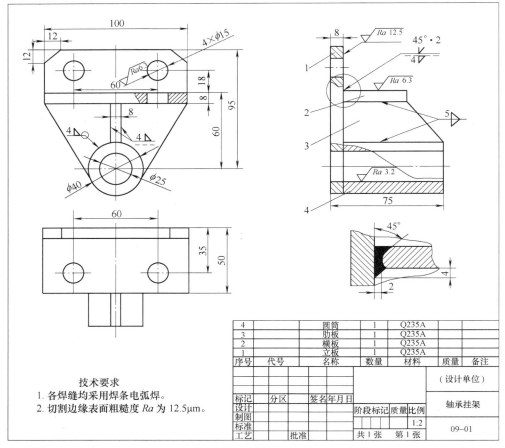

图1-10　轴承挂架图

为了简化图样，统一焊接图上的标注，GB/T 324—2008 规定了焊缝符号的表示方法。焊缝符号一般由基本符号和指引线组成，必要时可以加上补充符号和尺寸符号及数据。

1）基本符号——表示焊缝横截面基本形式或特征的符号，见表1-2。

2）补充符号——为了补充说明焊缝或接头某些特征而采用的符号，见表1-2。

表1-2　常用焊缝的基本符号、补充符号及标注示例

符号	名称	示意图	标注示例	符号	名称	示意图	标注示例
‖	I 形焊缝			—	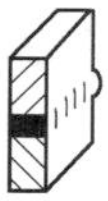 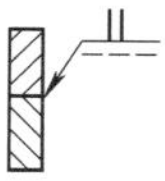 平面		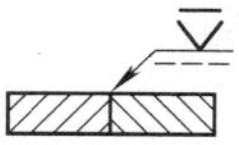
Y	带钝边 V 形焊缝			⌣	 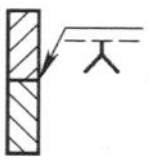 凹面	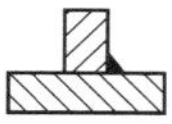	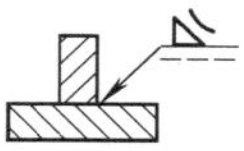
V	V 形焊缝			⌢	 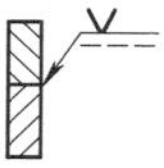 凸面		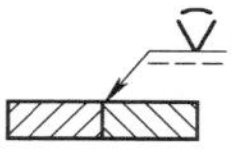
Υ	带钝边单边 V 形焊缝			⊏	 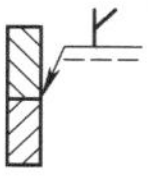 三面焊缝	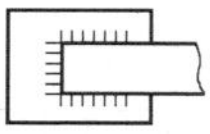	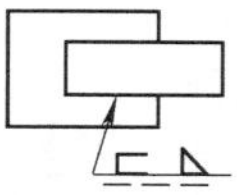
V	单边 V 形焊缝			○	 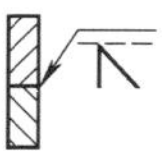 周围焊缝	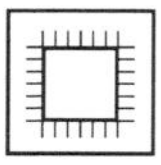	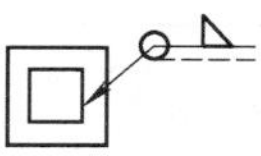
△	角焊缝			▶	 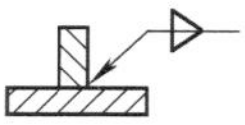 现场焊缝		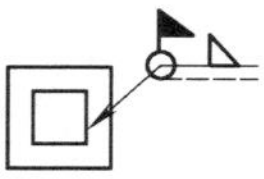
○	点焊缝			＜	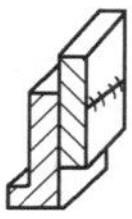 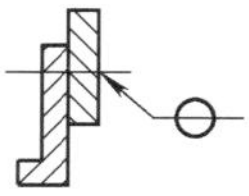 尾部		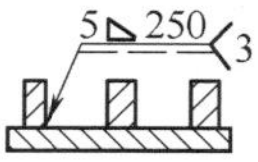 5⊿250＜3

（表中"补充符号"为中间列的说明）

3）尺寸符号——用来代表焊缝的尺寸要求，当需要注明尺寸要求时才标注。表1-3列出了常用焊缝的尺寸符号及标注示例。

表 1-3　常用焊缝的尺寸符号及标注示例

名　称	符　号	示　意　图	标　注　示　例
工件厚度 坡口角度 坡口深度 根部间隙 钝边	δ α H b p		
焊缝段数 焊缝长度 焊缝间隙 焊脚尺寸	n l e K		
定位焊： 熔核直径 塞焊： 孔径	d		
相同焊缝 数量	N		

4）指引线——由箭头线和基准线组成，箭头指向焊缝处，基准线由两条互相平行的细实线和细虚线组成，如图 1-11a 所示。图 1-11b 所示为焊缝尺寸符号的标注位置。

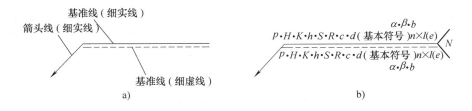

图 1-11　焊缝指引线及焊缝尺寸符号的标注位置
a）焊缝指引线　b）焊缝尺寸符号的标注位置

当需要说明焊接工艺方法时，可以在基准线实线末端的尾部符号中用数字表示。GB/T 5185—2005 规定了用阿拉伯数字表示焊接方法的代号。常用的焊接工艺方法代号见表1-4。

表 1-4　常用的焊接方法代号

焊接方法		代　号	焊接方法		代　号
电弧焊	焊条电弧焊	111	压力焊	摩擦焊	42
	埋弧焊	12		扩散焊	45
	熔化极惰性气体保护电弧焊（MIG）	131	气焊	氧乙炔焊	311
	熔化极非惰性气体保护电弧焊（MAG）	135		氧丙烷焊	312
	非惰性气体保护的药芯焊丝电弧焊	136	高能束焊	电子束焊	51
				激光焊	52
	钨极惰性气体保护电弧焊（TIG）	141	其他焊接工艺方法	电渣焊	72
	等离子弧焊	15		气电立焊	73
电阻焊	点焊	21		螺柱焊	78
	缝焊	22	切割	火焰切割	81
	凸焊	23		等离子弧切割	83
	闪光焊	24		激光切割	84
	电阻对焊	25	钎焊	硬钎焊	91
				软钎焊	94

三、焊接接头的静载荷强度计算

1. 应力集中

我们常用应力集中来表示焊接接头工作应力分布的不均匀程度。所谓应力集中就是指接头局部区域的最大应力值较平均应力值高的现象，常以应力集中系数 K_T 表示。在焊接接头中产生应力集中的原因如下。

1）焊缝中有工艺缺陷，如气孔、夹杂、裂纹和未焊透等，都会在其周围引起应力集中，其中尤以裂纹和未焊透引起的应力集中最严重。

2）焊缝外形不合理，如对接焊缝的余高过大，角焊缝为凸形等，在焊趾处都会形成较大的应力集中。

3）焊接接头设计不合理，如接头截面的突变、加衬垫的对接接头等，均会造成严重的应力集中。

4）焊缝布置不合理，如只有单侧焊缝的 T 形接头，也会引起应力集中。

2. 电弧焊接头的工作应力分布

（1）对接接头　在对接接头中，由于余高造成了构件表面不平滑，在焊缝金属与母材金属的过渡

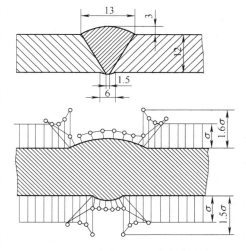

图 1-12　对接接头的工作应力分布

处会引起应力集中，如图 1-12 所示。在焊缝余高向母材金属过渡的焊趾处，应力集中系数 K_T 约为 1.6。在焊缝背面与母材金属的过渡处，应力集中系数 K_T 约为 1.5。K_T 的大小与余高 h 和焊缝向母材金属过渡的半径 r 有关，如图 1-13 所示。减小 r 和增大 h，均使 K_T 增加。当余高 h 为零时，$K_T = 1$，应力集中消失。因此生产中应适当控制余高，不应当以增加余高的方法来增加焊缝的承载能力，余高一般不超过 3mm。

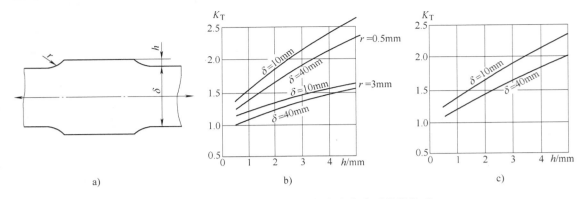

图 1-13 余高 h 和过渡半径 r 与应力集中系数的关系

a) 对接接头模型 b) r = 0.5mm 和 r = 3mm c) r = 1mm

由余高带来的应力集中，对动载荷结构的疲劳强度是十分不利的，此时要求它越小越好。国家标准规定，在承受动载荷情况下，焊接接头的焊缝余高应趋于零。因此，对重要的结构，可采用削平余高或增大过渡圆弧的措施来降低应力集中，以提高接头的疲劳强度。

对接接头外形的变化与其他形式的接头相比是不大的，所以它的应力集中较小，而且易于降低和消除。因此，对接接头是最好的接头形式，不但在静载荷下可靠，而且疲劳强度也较高。

（2）T 形（十字）接头 由于 T 形（十字）接头焊缝金属向母材金属过渡较急剧，接头在外力作用下力线扭曲很大，应力分布极不均匀，在角焊缝的根部和过渡处，易产生很大的应力集中，如图 1-14 所示。

图 1-14a 所示为 I 形坡口 T 形（十字）接头中正面焊缝的应力分布状况。由于整个厚度没有焊透，焊缝根部应力集中很大。在焊趾截面 B—B 上应力分布也不均匀，B 点的应力集中系数 K_T 值随角焊缝的形状而变，K_T 随 θ 角减小而减小，随焊脚 K 的增大而减小。

图 1-14b 所示为 K 形坡口并焊透的 T 形（十字）接头。这种接头使应力集中程度大大降低，应力集中系数 $K_T < 1$，事实上已经不存在应力集中问题了。这是因为：由于 θ 角大幅度降低而使焊缝金属向母材金属过渡平缓，消除了焊趾截面的应力集中。由于开坡口并焊透而消除了焊趾根部的应力集中。因此，在焊接结构生产中，对 T 形（十字）接头开坡口焊透或采用深熔法是降低 T 形（十字）接头应力集中的重要措施之一。

（3）搭接接头 搭接接头使构件形状发生了较大的变化，其应力集中比对接接头的情况要复杂得多。在搭接接头中，根据搭接角焊缝受力的方向，可以

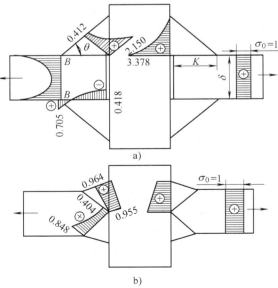

图 1-14 T 形（十字）接头的工作应力分布

将搭接角焊缝分为正面角焊缝、侧面角焊缝和斜向角焊缝三种,如图 1-15 所示。焊缝与力的作用方向相垂直的角焊缝称为正面角焊缝;焊缝与力的作用方向平行的角焊缝称为侧面角焊缝;介于两者之间的角焊缝称为斜向角焊缝。

1)正面角焊缝的工作应力分布。在正面角焊缝的搭接接头中,应力分布很不均匀,如图 1-16 所示。在角焊缝的焊根 A 点和焊趾 B 点,都有较大的应力集中。焊趾 B 点的应力集中系数随角焊缝的斜边与水平边的夹角 θ 而改变。减小 θ 角和增大熔深,焊透根部,可以降低焊趾处和焊根处的应力集中系数。

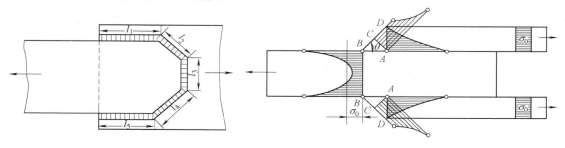

图 1-15　搭接接头的角焊缝　　　　　图 1-16　正面角焊缝的工作应力分布

2)侧面角焊缝的工作应力分布。侧面角焊缝的工作应力分布如图 1-17 所示,其特点是最大应力在两端,中部应力最小,而且焊缝较短时应力分布较均匀,焊缝较长时应力分布不均匀的程度就增加。因此,采用过长的侧面角焊缝是不合理的,通常规定侧面角焊缝的长度不得大于 50K(K 为焊脚)。

3)联合角焊缝的工作应力分布。既有侧面角焊缝又有正面角焊缝的搭接接头称为联合角焊缝搭接接头。在只有侧面角焊缝焊成的搭接接头中,母材金属断面上的应力分布不均匀(图 1-17),如横截面 A—A 的焊缝附近就有最大的正应力分布,其应力集中非常严重。

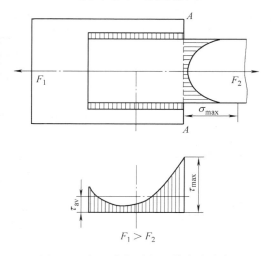

图 1-17　侧面角焊缝的工作应力分布

小　提　示

试验证明,在各种角焊缝构成的搭接接头中,在相同的焊脚条件下,单位长度正面角焊缝的强度较侧面角焊缝高,而单位长度斜向角焊缝的强度介于两者之间。

图 1-18 所示为增添正面角焊缝后,即联合角焊缝的工作应力分布。由图 1-18 所知,在 A—A 截面上正应力分布较为均匀,最大切应力降低,使在 A—A 截面两端点上的应力集中得到改善。由于正面角焊缝承担一部分外力,以及正面角焊缝比侧面角焊缝刚度大、变形小,所以侧面角焊缝的切应力得到改善。为此在设计搭接接头时,如果增添正面角焊缝,不但可以改善应力分布,还可以缩短搭接长度。

3. 静载荷强度计算

(1)焊接接头强度计算的假设　焊接接头的强度计算和其他结构的强度计算相同,均需要计算在一定载荷作用下产生的应力值。但是焊接接头的应力分布，尤其是角焊缝构成的T形（十字）接头和搭接接头等的应力分布非常复杂，精确计算接头的强度是困难的，常用的计算方法都是在一些假设的前提下进行的，称之为简化计算法。在静载荷条件下，为了计算方便，常进行如下假设。

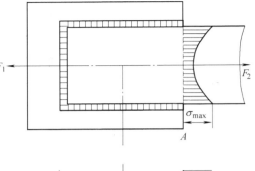

1）残余应力对接头强度没有影响。

2）焊趾处和余高处的应力集中对接头强度没有影响。

3）接头的工作应力是均匀分布的，以平均应力计算。

4）正面角焊缝与侧面角焊缝的强度没有差别。

5）焊脚的大小对角焊缝的强度没有影响。

6）角焊缝都是在切应力的作用下破坏的，故按切应力计算强度。

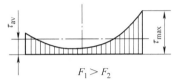

图1-18　联合角焊缝的工作应力分布

7）角焊缝的破断面（计算断面）在角焊缝截面的最小高度上，其值等于内接三角形的高 a，称为计算高度。直角等腰角焊缝的计算高度为

$$a \approx K\cos 45° = 0.7K$$

8）余高和少量的熔深对接头的强度没有影响，但是，在采用熔深较大的埋弧焊和 CO_2 气体保护焊（含 MAG）时，应予以考虑，此时角焊缝计算高度 a 为

$$a = (K + P)\cos 45° = 0.7(K + P)$$

当 $K \leqslant 8mm$ 时，可取 a 等于 K；当 $K > 8mm$ 时，$P = 3mm$。

各种接头焊缝的计算高度，如图1-19所示。

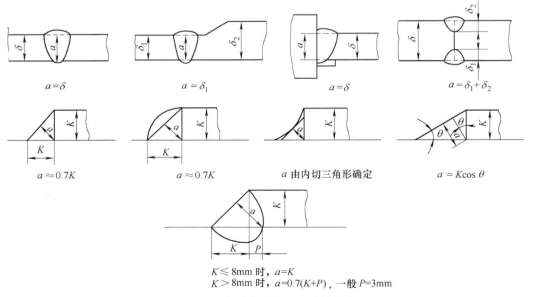

$a = \delta$　　　　$a = \delta_1$　　　　$a = \delta$　　　　$a = \delta_1 + \delta_2$

$a \approx 0.7K$　　　　$a \approx 0.7K$　　　　a 由内切三角形确定　　　　$a = K\cos \theta$

$K \leqslant 8mm$ 时，$a = K$
$K > 8mm$ 时，$a = 0.7(K + P)$，一般 $P = 3mm$

图1-19　各种接头焊缝的计算高度

（2）电弧焊对接接头的静载荷强度计算 静载荷强度计算方法目前仍然采用许用应力法，而接头的强度计算实际上是计算焊缝的强度。因此，强度计算时的许用应力值均为焊缝的许用应力。

电弧焊接头静载荷强度计算的一般表达式为

$$\sigma \leq [\sigma'] \text{ 或 } \tau \leq [\tau']$$

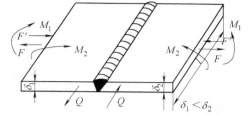

图 1-20 对接接头受力图

式中 σ 或 τ——平均工作应力；

$[\sigma']$ 或 $[\tau']$——焊缝的许用应力。

全焊透对接接头受外拉压力、弯矩、剪切等作用，如图 1-20 所示。计算对接接头强度时，可不考虑焊缝余高，所以计算基本金属强度的公式完全适用于计算这种接头。焊缝计算长度取实际长度，计算厚度取两板中较薄者。如果焊缝金属的许用应力与基本金属相等，则可不必进行强度计算。焊接接头强度计算公式见表 1-5。

表 1-5 焊接接头强度计算公式

接头名称	计 算 公 式	备 注
对接接头	受拉：$\sigma = \dfrac{F}{l\delta_1} \leq [\sigma'_1]$	$[\sigma'_1]$——焊缝的许用拉应力 $[\sigma'_2]$——焊缝的许用压应力 $[\tau'_1]$——焊缝的许用切应力 $\delta_1 < \delta_2$ l——焊缝长度
	受压：$\sigma = \dfrac{F'}{l\delta_1} \leq [\sigma'_2]$	
	受剪：$\tau = \dfrac{Q}{l\delta_1} \leq [\tau']$	
	平面内弯矩：$\sigma = \dfrac{6M_1}{\delta_1 l^2} \leq [\sigma'_1]$	
	平面外弯矩：$\sigma = \dfrac{6M_2}{\delta_1^2 l} \leq [\sigma'_1]$	

模块三 焊接结构制造工艺过程

焊接结构制造工艺过程是根据生产任务的性质、产品的图样、技术要求和工厂条件，运用焊接技术及相应的金属材料加工和保护技术、无损探伤技术等来完成焊接结构产品的全部生产过程的工艺过程。由于焊接结构的技术要求、形状、尺寸和加工设备等条件的不同，使各个工艺过程有一定区别，但它们都有着大致相同的生产流程，即生产准备、备料加工、装配、焊接、成品检验、涂漆、验收、交货等过程，如图 1-21 所示。

一、生产准备

为了提高焊接产品的生产效率和质量，保证生产过程的顺利进行，生产前需做好准备工作。焊接生产准备包括材料的验收入库、焊接性试验及工艺评定、编制焊接工艺等。

1. 材料的验收入库

根据国家或行业相关标准要求，对焊接材料的质量证明书进行审查，对其内容和数据进行校对，正确、齐全、符合要求者为合格，可以进行复验，否则不予复验。复验时，应对每批焊材编"复验编号"，按照其各自的标准和技术条件进行外观检验、理化试验等。复验合格后，焊材方可入一级库，否则应退货或降级使用。

2. 焊接性试验及工艺评定

（1）焊接性试验　焊接性试验是评定母材焊接性的试验。通过焊接性试验可以选择适用于母材的焊接材料；确定合适的焊接参数，还可以用于研制新的焊接材料。焊接性试验方法很多，目前应用最广的是斜 Y 形坡口焊接裂纹试验，又称为小铁研法，适用于碳素钢和低合金钢焊接接头的冷裂纹抗裂性能试验。

（2）焊接工艺评定　焊接工艺评定是评定焊接工艺正确与否的一项试验，是制订焊接工艺的前提和基础。重要焊缝焊接前必须进行焊接工艺评定。焊接工艺评定应以可靠的钢材焊接性为依据，并在产品焊接前完成。

3. 编制焊接工艺

编制焊接工艺就是编制焊接工艺文件，包括焊接工艺守则、焊接工艺规程及焊接工艺卡，并下发给生产工人，具体指导生产。

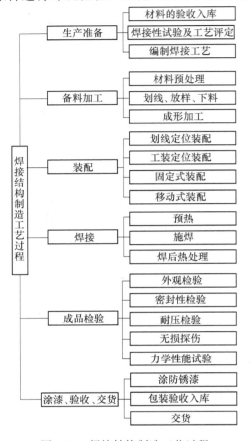

图 1-21　焊接结构制造工艺过程

二、备料加工

备料加工是结构材料在装配焊接前按照工艺要求加工的过程。备料加工包括矫正、除锈、表面清理等预处理和划线、放样、下料、坡口制备及冷热成形加工（弯曲、冲压）等。预处理的目的是为零件加工提供合格的原材料，零件加工则是保证零件的质量，为装配与焊接提供符合要求的装配焊接件。备料加工约占焊接产品制造总工时的 40% ~ 60%。

三、装配与焊接

焊接生产的装配是将已加工好的零件（或已制成的部件），按图样规定的相互位置加以固定成组件、部件或产品的过程。装配是焊接生产制造中的重要工序，约占产品制造总工时的 25% ~ 35%。焊接则是将已装配好的结构，用规定的焊接方法和焊接工艺，使零件牢固连接成一个整体的工艺过程。焊接包括焊前预热、施焊、焊后热处理几个过程。装配与焊接在整个焊接结构制造过程中占有很重要的地位。

四、成品检验

焊接质量检验通常是指焊后成品检验。常用的检验方法主要有外观检验、密封性检验、耐压检验、无损探伤、力学性能试验等。

1. 外观检验

外观检验是用肉眼或借助于标准样板、焊缝检验尺、量具或用低倍（5 倍）放大镜观察焊件，以发现焊缝表面缺陷的方法。外观检验是一种简便而又应用广泛的检验方法。

2. 密封性检验

密封性检验是用来检查有无漏水、漏气和渗油、漏油等现象的试验。密封性检验的方法很多，常用的方法有气密性试验、煤油试验、沉水试验、水冲试验和载水试验等，主要用来检验焊接管道、盛器、密闭容器上焊缝或接头是否存在不致密缺陷等。

3. 耐压检验

耐压检验是将水、油、气等充入容器内慢慢加压，以检查其泄漏、耐压、破坏等的试验。常用的耐压试验有水压试验和气压试验，目的是检验容器和管道的致密性和强度。其中以水压试验应用较多。

4. 无损探伤

无损探伤主要包括渗透探伤、磁粉探伤、射线探伤、超声波探伤等。其中射线探伤、超声波探伤适合于焊缝内部缺陷的检验，渗透探伤、磁粉探伤则适合于焊缝表面缺陷的检验。无损探伤在重要的焊接结构中得到了广泛使用。

5. 力学性能试验

力学性能试验是用来检查焊接材料、焊接接头及焊缝金属的力学性能的。常用的试验有拉伸试验、弯曲试验、压扁性能试验、冲击试验、硬度试验等。

需要注意的是，经检验合格的焊接结构往往还需涂漆、包装、验收后才能交给用户，至此一个完整的焊接结构制造工艺过程结束。

【工程应用实例】

识读焊缝符号

1. 对接接头

对接接头的焊缝形式如图 1-22a 所示；焊缝符号标注如图 1-22b 所示，表明此焊接结构采用带钝边的 V 形对接焊缝，坡口角度为 α，根部间隙为 b，钝边为 p，环绕工件周围施焊。

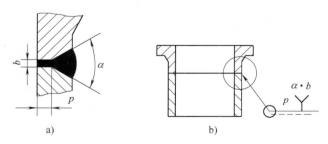

a) b)

图 1-22 对接接头焊缝标注实例

a）对接接头焊缝形式 b）焊缝符号标注

2. T 形接头

T 形接头的焊缝形式如图 1-23a 所示，焊缝符号标注如图 1-23b 所示，表明 T 形接头采用对称断续角焊缝，其中 n 表示焊缝段数，l 表示焊缝长度，e 为焊缝间距，K 表示焊脚。

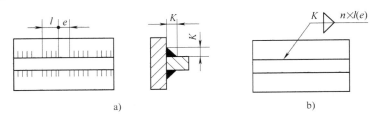

图 1-23 　T 形接头焊缝标注实例

a）T 形接头的焊缝形式 　b）焊缝符号标注

3. 角接接头

角接接头的焊缝形式如图 1-24a 所示，焊缝符号标注如图 1-24b 所示，表明角接接头采用双面焊缝。接头上侧为带钝边单边 V 形对接焊缝，坡口角度为 α，根部间隙为 b，钝边为 p；接头下侧为角焊缝，焊缝表面凹陷，焊脚为 K。

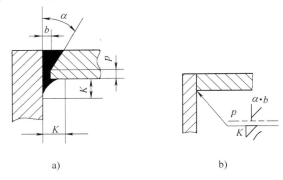

图 1-24 　角接接头焊缝标注实例

a）角接接头的焊缝形式 　b）焊缝符号标注

【职业资格考证训练题】

一、填空题

1. 焊接接头由_____、_____和_____组成。

2. 焊缝按接头形式可以分为_____、_____、_____和_____。

3. 焊接接头的基本形式有_____、_____、_____、_____和_____。

4. 焊缝符号包括_____、_____、_____及_____。

5. 焊接结构制造工艺过程包括_____、_____、_____、_____、_____等。

6. 常用的检验方法主要有_____、_____、_____、_____等。

二、判断题

1. 焊接接头是一个成分、组织和性能等多样性的不均匀体。　　　　　　　　（　　）

2. 对重要的结构，可采用削平余高或增大过渡圆弧的措施来降低应力集中，以提高接头的疲劳强度。　　　　　　　　　　　　　　　　　　　　　　　　　（　　）

3. 对接接头应力集中较小，是最好的接头形式，不但在静载荷条件下牢固可靠，而且疲劳强度也较高。　　　　　　　　　　　　　　　　　　　　　　（　　）

4. 应力集中就是指接头局部区域的最大应力值较平均应力值高的现象。　　（　　）

5. 备料加工约占焊接产品制造总工时的40%～60%。　　　　　　　　　（　　）

6. 铆接是利用铆钉将零件连接在一起的一种连接方法，现基本上已被焊接所取代。
　　　　　　　　　　　　　　　　　　　　　　　　　　　　　　　　　（　　）

第二单元　焊接结构的变形与应力

焊接过程是局部的不均匀加热过程。焊接过程，除了对焊缝金属化学成分、性能以及对焊接热影响区的组织、性能有很大影响外，还会在焊接结构中产生焊接变形与焊接应力。焊接应力往往是造成裂纹的直接原因，即使不造成裂纹，也会降低焊接结构的承载能力和寿命。焊接变形不仅影响焊件尺寸精度与外形，而且在焊后要进行大量复杂的矫正工作，严重的甚至使焊件报废。因此，掌握焊接变形与焊接应力的有关知识，对保证焊接结构的质量具有重要意义。

模块一　焊接变形与焊接应力的形成

一、焊接变形与焊接应力

物体在受到外力的作用时，会出现形状、尺寸的变化，称为物体的变形。若在外力去除后，物体能恢复到原来的形状和尺寸，这种变形称为弹性变形，反之称为塑性变形。焊件由焊接产生的变形称为焊接变形，焊后焊件残留的变形称为焊接残余变形。

物体在受到外力作用发生变形的同时，其内部会出现一种抵抗变形的力，这种力称为内力。单位截面积上所受的内力称为应力。

应力并不都是由外力引起的，如物体在加热膨胀或冷却收缩过程中受到阻碍，就会在其内部出现应力，这种情况在不均匀加热或不均匀冷却过程中就会出现。当没有外力存在时，物体内部存在的应力称为内应力。焊接构件由焊接而产生的内应力称为焊接应力，焊后残留在焊件内的焊接应力称为焊接残余应力。

二、焊接变形与焊接应力产生的原因

掌握均匀加热引起变形与应力的原理，是弄清焊接变形与焊接应力产生原因的基础。因此我们先分析均匀加热引起变形与应力的原因。

1. 均匀加热引起变形与应力的原因

假设有一根钢杆，放在两边无约束的支点上，如图 2-1a 实线所示。当对钢杆均匀加热后，由于热膨胀使钢杆变粗和伸长，如图 2-1a 双点画线所示。然后，当钢杆均匀冷却后，因冷却收缩，钢杆又会自由恢复到原来的形状和尺寸。由于它热胀和冷缩时均没受到阻碍，最后钢杆不会产生应力和变形。

如果将钢杆嵌在两刚性墙之间，如图 2-1b 所示，然后对它均匀加热，同样由于热膨胀钢杆要伸长，但由于受到墙的阻挡不能伸长，钢杆在长度上没有变化（假定不产生弯曲），这样，在钢杆内就出现了压应力。这相当于钢杆受到热膨胀而伸长了的部分在两边墙的"压力"下"压"短了。如果这根钢杆在受热膨胀时被"压缩"了的伸长部分尚在弹性变形范围之内，即压应力小于屈服强度，则钢杆冷却后仍能恢复原状。如果钢杆受膨胀时被

"压缩"了的伸长部分已超过弹性变形范围，发生了塑性变形，即压应力达到了屈服强度，则冷却后钢杆将比原来缩短，由于能自由收缩，钢杆内不存在内应力，如图 2-1c 所示。根据测量和计算，处于绝对刚性条件下的低碳钢，当加热温度高于 100℃时，钢杆内部的压应力就会超过屈服强度，钢杆就会产生压缩塑性变形。

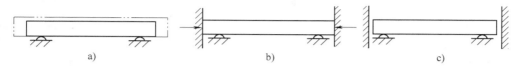

图 2-1　变形和应力产生过程示意图

a）钢杆自由伸缩　b）钢杆加热时的变形　c）钢杆冷却后的变形

如果将钢杆的两端固定好，这样不仅受热膨胀受阻，而且冷却收缩也受阻。由于钢杆在加热温度高于 100℃时，就会产生压缩塑性变形，冷却后钢杆长度应缩短，但由于钢杆两端固定不能自由收缩，因此冷却后在钢杆内部就会出现拉应力。当这个拉应力大于钢杆所固有的强度极限值时，钢杆就会断裂。这就是金属材料在经过加热、冷却和由于特定的外界条件而出现内应力的实质。

2. 焊接过程引起变形与应力的原因

下面我们根据图 2-2 来分析平板对接焊时的变形与应力产生的情况。在焊接过程中，由于焊件经受了不均匀加热，其温度为中间高两边低。为了简化分析，我们将焊件分为高温区和低温区两部分：焊缝及其附近为高温区，焊缝两侧焊件边缘部分为低温区，并假设高温区内、低温区内的温度均匀一致，如图 2-2a 所示。

焊接加热时，若焊件高温区与低温区是可分离的，能自由伸缩的两部分，高温区由于温度高将自由伸长，如图 2-2b 所示。但实际上，焊件是一个整体，高温区不可能自由伸长，其伸长受到低温区的牵制，使其受到压缩而产生压应力，当压应力达到屈服强度就会产生压缩塑性变形。同时低温区也受到高温区的拉伸作用而伸长，产生拉应力。结果焊件将整体伸长 ΔL，如图 2-2c 所示。

焊接冷却时，由于高温区在加热时产生压缩塑性变形的缘故，若高温区与低温区是可分离，能自由收缩的，高温区冷却后将自由缩短，如图 2-2d 所示。同样，由于焊件是一个整体，两边的低温区将阻碍高温区的收缩，使高温区产生拉应力，同时高温区收缩又对低温区有压缩作用，使低温区产生压应力。最后焊件将整体缩短 $\Delta L'$，如图 2-2e 所示，这就是焊件产生焊接变形与焊接应力的实际情况。

由此可见，可以得出以下几点结论。

1）焊接时局部的不均匀加热和冷却是产生焊接变形与焊接应力的根本原因，所以焊件焊接后不可避免地要产生焊接变形与焊接应力。

2）通常，焊接过程中焊件的变形方向与焊后焊件的变形方向相反。

3）焊接加热时，焊缝及其附近产生压缩塑性变形，冷却时压缩塑性变形区要收缩。若能自由收缩，则焊后焊接变形大，焊接应力小；若不能自由收缩，焊接变形小而焊接应力大。

4）焊后焊件中的应力分布是不均匀的，焊缝及其附近通常是拉应力，焊缝两侧焊件边缘部分通常是压应力。

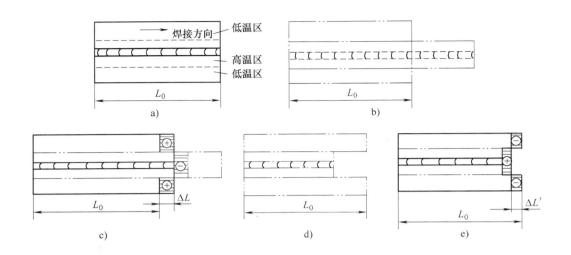

图 2-2　平板对接焊时的焊接变形与焊接应力
a）原始状态　b）、c）加热过程　d）、e）冷却过程

模块二　焊接残余变形及控制

一、焊接残余变形的分类

在生产实际中，焊接结构的变形是比较复杂的。按焊接残余变形对整个结构的影响程度，可将其分为两大类：一类是局部变形，即发生于焊接结构某部分的焊接残余变形，其对结构的使用性能影响较小，一般也容易控制和矫正；另一类是整体变形，其是引起整个焊接结构形状和尺寸变化的焊接残余变形。

按焊接残余变形的特征，可将焊接残余变形分为收缩变形、弯曲变形、角变形、波浪变形和扭曲变形五种基本变形形式，如图 2-3 所示。在这五种基本变形中，最基本的是收缩变形，收缩变形加上不同的影响因素，就构成了其他四种基本变形。而这些基本变形形式的不同组合，又形成了实际生产中的焊接残余变形。

1. 收缩变形

焊件尺寸比焊前缩短的现象称为收缩变形。收缩变形分为纵向收缩变形和横向收缩变形，如图 2-4 所示。

沿焊缝长度方向的缩短称为纵向收缩变形。焊缝的纵向收缩量一般是随焊缝长度的增加而增加。另外，母材线膨胀系数大，其焊后纵向收缩量也大，如不锈钢和铝的焊后纵向收缩量就比碳素钢大；多层焊时，第一层引起的纵向收缩量最大，这是因为焊第一层时焊件的刚性较小。如果焊件在夹具固定的条件下焊接，其纵向收缩量可减少 40% ~ 70%，但焊后将引起较大的焊接应力。

焊后产生的横向收缩变形是指横向缩短，即垂直焊缝长度方向上的缩短。一般对接焊的横向收缩量，随着板厚的增加而增加；同样板厚，坡口角越大，横向收缩量越大。

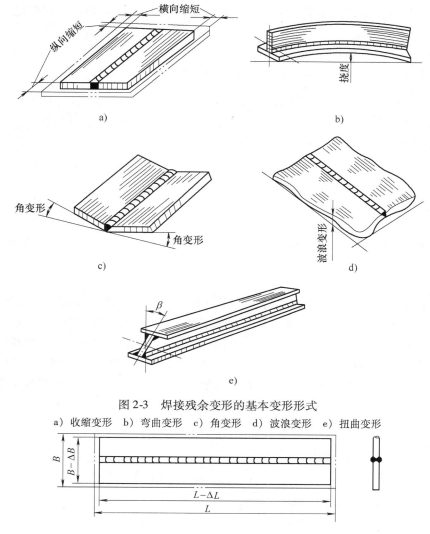

图 2-3　焊接残余变形的基本变形形式

a）收缩变形　b）弯曲变形　c）角变形　d）波浪变形　e）扭曲变形

图 2-4　纵向和横向收缩变形

ΔL—纵向收缩量　ΔB—横向收缩量

2. 弯曲变形

弯曲变形常见于焊接梁、柱、管道等焊件，对这类焊接结构的生产危害较大。弯曲变形的大小以挠度 f 的数值来度量。f 是焊后焊件的中心轴偏离原焊件中心轴的最大距离，如图 2-5 所示。挠度越大，即弯曲变形越大。

（1）由纵向收缩变形造成的弯曲变形　图 2-6a 所示为钢板单边施焊后产生的弯曲变形，这是

图 2-5　弯曲变形的量度

由直缝纵向收缩引起总体弯曲变形的一个实例。图 2-6b 所示为这类变形产生的机理，图中一块不太大的焊件，在一边开一条长腰圆形孔，使边缘留下一条较窄的金属条，焊件的加热集中在这样一个边缘内（图中斜线区域）。如加热很均匀，这种情况如同钢杆在两端固定的状态下加热。在加热时，金属条膨胀受阻，产生压缩塑性变形；冷却后，由于加热区金属力

求收缩到比原来的长度短，结果造成了图 2-6b 所示的弯曲，即焊后产生向焊缝一边的弯曲变形。

（2）由横向收缩变形造成的弯曲变形　图 2-7 所示为一工字梁，其下部焊有肋板，由于肋板角焊缝横向收缩，就使焊件产生向下弯曲的弯曲变形。

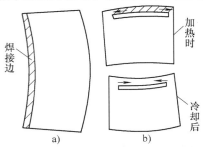

图 2-6　由纵向收缩变形造成的弯曲变形

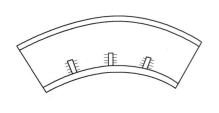

图 2-7　由横向收缩变形造成的弯曲变形

3. 角变形

在焊接对接接头、T 形接头、搭接接头及堆焊时，都可能产生角变形，如图 2-8 所示。在焊接（单面）较厚钢板时，在钢板厚度方向上的温度分布是不均匀的，温度高的一面受热膨胀较大，另一面膨胀小甚至不膨胀。由于焊接面膨胀受阻，出现了较大的横向压缩塑性变形，这样在冷却时就产生了在钢板厚度方向上收缩不均匀的现象，焊接一面收缩大，另一面收缩小。这种在焊后由于焊缝的横向收缩不均匀使得两连接件间相对角度发生变化的变形称为角变形。

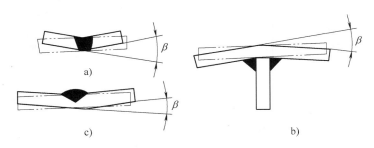

图 2-8　几种角变形

a）对接接头　b）T 形接头　c）堆焊

4. 波浪变形

波浪变形又称为失稳变形，常在板厚小于 6mm 的薄板焊接结构中产生。产生波浪变形有两种原因：一种是由于薄板结构焊接时，纵向和横向的压应力使薄板失去稳定而造成波浪形的变形，如图 2-9a 所示；另一种是角焊缝的横向收缩引起角变形，如图 2-9b 所示。

5. 扭曲变形

扭曲变形是构件焊后两端绕中性轴相反方向扭转一角度的变形。它的产生原因较复杂：装配质量不好，即在装配之后、焊接之前的焊件位置尺寸不符合图样的要求；构件的零部件形状不正确，而强行装配；焊件在焊接时位置不当；焊接顺序及方向不当等。图 2-10 所示为工字梁的扭曲变形。

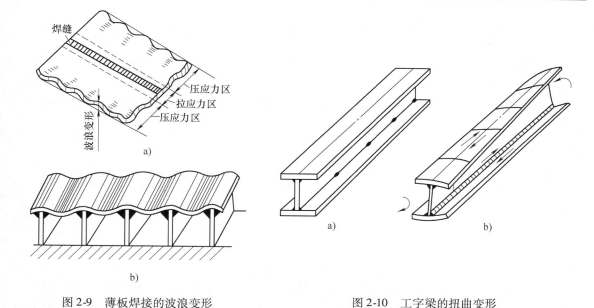

图 2-9　薄板焊接的波浪变形　　　　　　　图 2-10　工字梁的扭曲变形
　　　　　　　　　　　　　　　　　　　　　　　　　a）焊前　b）焊后

二、影响焊接残余变形的因素

1. 焊缝在结构中的位置

　　在焊接结构刚性不大，焊缝在结构中布置对称或焊缝在结构的中性轴上且施焊顺序合理，主要产生收缩变形。焊缝在结构中位置不对称时，则焊后要产生弯曲变形；焊缝偏离结构中性轴时，则焊后要产生弯曲变形；焊缝偏离结构中性轴越远，则越容易产生弯曲变形。焊缝在结构中位置不对称造成的弯曲变形，如图 2-11 所示。

2. 焊接结构的刚性

　　焊接结构的刚性是指焊接结构抵抗变形（拉伸、弯曲、扭曲）的能力。结构的刚性大，变形就小；反之，结构的刚性小，变形就大。金属结构的刚性主要取决于结构的截面形状及其尺寸的大小。

　　（1）结构抵抗拉伸的刚性　主要决定于结构截面积的大小。截面积越大，结构抵抗拉伸的刚性越大，变形就越小。

　　（2）结构抵抗弯曲的刚性　主要看结构截面形状（图 2-12）和尺寸大小。就梁来说，一般封闭截面抗弯刚性大；板厚大（即截面积大），抗弯刚性也大；截面形状、面积、尺寸完全相同的两根梁，长度小，抗弯刚性大；在受相同力的情况下，同一根封

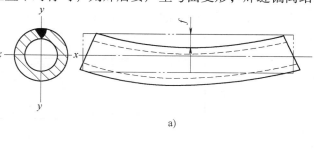

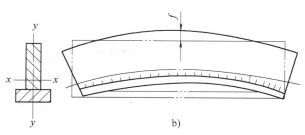

图 2-11　焊缝在结构中位置不对称造成的弯曲变形
a）单道焊缝的钢管焊接　b）T字梁的焊接

闭截面的箱形梁，垂直放置比横向放置时的抗弯刚性大。

（3）结构抵抗扭曲的刚性　除了决定于结构的尺寸大小外，最主要的是结构截面形状。如结构截面是封闭形式的，则抗扭曲刚性比不封闭截面大。图 2-12a、b 所示的截面抗扭能力比图 2-12c ～ e 所示的截面大。

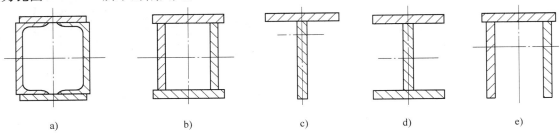

a)   b)   c)   d)   e)

图 2-12　几种梁的截面形状

> **小　提　示**
>
> 　　一般来说，短而粗的焊接结构，刚性较大；细而长的构件，抗弯刚性小。结构整体刚性总是比部件刚性大。因此，生产中常采用整体装配后再进行焊接的方法来减少焊接变形。

3. 焊接结构的装配及焊接顺序

焊接结构的刚性是在装配和焊接过程中逐渐增大的，结构整体的刚性比它的零、部件刚性大。所以生产中尽可能先装配成整体，然后再焊接，可减少焊接结构的变形。以工字梁为例，按图 2-13c 所示，先整体装配再焊接，其焊后的上拱弯曲变形，要比按图 2-13b 所示边装边焊顺序所产生的弯曲变形小得多。但是，并不是所有焊接结构都可以采用先总装后焊接的方法。

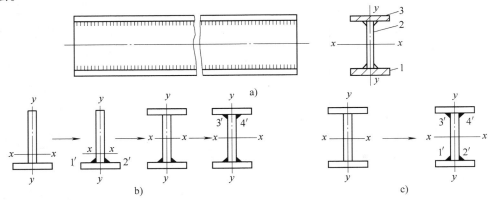

图 2-13　工字梁的装配顺序和焊接顺序

a）工字梁的结构形式　b）边装边焊顺序　c）总装后再焊接顺序

1—下盖板　2—腹板　3—上盖板

有了合理的装配方法，若没有合理的焊接顺序，结构还是达不到变形最小的程度。即使焊缝布置对称的焊接结构，如焊接顺序不合理，结果还会引起变形。在图 2-13c 中，若按 1'、2'、3'、4' 的顺序焊接，焊后同样还会产生上拱的弯曲变形。而如果按 1'、4'、3'、2' 的顺序焊接，焊接后的弯曲变形将会减小。图 2-14 所示为带钝边的双面 V 形坡口对接接头不同焊接顺序产生变形的比较。

4. 其他因素

（1）结构材料的线膨胀系数　线膨胀系数大的金属，其焊后变形也大。常用材料中铝、不锈钢、Q345、碳素钢的线膨胀系数依次减小，可见焊后铝的变形最大。

（2）焊接方法　一般气焊的焊后变形比电弧焊的焊后变形大。这是因为气焊时，焊件受热范围大，加上焊接速度慢，使金属受热体积增大，导致焊后变形大。而电弧焊尽管热源温度高，但由于热源较集中，焊接速度远大于气焊，所以焊件受热面相对较小，焊后变形也就较小。

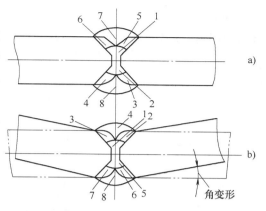

图 2-14　带钝边的双面 V 形坡口对接接头不同
焊接顺序产生变形的比较
a）合理的焊接顺序　b）不合理的焊接顺序

（3）焊接参数　主要是指焊接电流和焊接速度，两者直接影响热输入的大小。一般焊后变形随着焊接电流的增大而增大，随着焊接速度的增大而减小。

（4）焊接方向　对一条直焊缝来说，如果采用按同一方向从头至尾的焊接方法，即直通焊，焊接变形较大。焊缝越长，焊后变形也越大。

（5）焊接坡口形式　双面 V 形或带钝边双面 V 形坡口焊缝比 V 形或带钝边 V 形坡口焊缝的角变形小，因为前者是双面焊，能尽量做到两边的角变形互相抵消。U 形坡口焊缝较 V 形坡口焊缝的角变形小，但一般较双面 V 形坡口焊缝大。

此外，焊接结构的自重和形状，焊缝装配间隙大小，都会影响焊后的变形量。

总之，各种影响焊接残余变形的因素并不是孤立起作用的，要求在分析焊接结构的变形与应力时，要考虑各种影响因素，以便能定出较合理的防止和减少焊接残余变形的措施。

三、控制焊接残余变形的措施

控制焊接残余变形的措施有两个方面：一是设计措施；二是工艺措施。这里重点介绍工艺措施。

1. 设计措施

1）在保证结构足够强度的前提下，适当采用冲压结构来代替焊接结构，以减少焊缝的数量，如图 2-15 所示。

2）在保证结构足够承载能力的前提下，尽量减少焊缝的数量和采用较小的焊缝尺寸。

3）合理安排焊缝位置，如使焊缝对称布置，避免交叉焊缝和焊缝集中等，如图 2-16 所示。

2. 工艺措施

（1）采用合理的焊接顺序

1）对称焊缝采用对称焊接法。由于焊接总有先后，而且随着焊接过程的进行，结构的刚性也不断增大。所以，

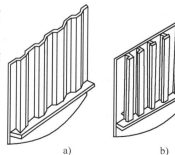

图 2-15　冲压结构与焊接结构
a）冲压结构　b）焊接结构

一般先焊的焊缝容易使结构产生变形。这样，即使焊缝对称的结构，焊后也会出现焊接变形。对称焊接的目的，是用来克服或减少由于先焊焊缝在焊件刚性较小时造成的变形。

对实际上无法完全做到对称地、同时地进行焊接的结构，可允许焊缝焊接有先后，但在顺序上应尽量做到对称，以便最大限度地减小结构变形。图 2-14a 所示，就是对称焊接的方法之一。图 2-17 所示的圆筒体环形焊缝，是由两名焊工对称地按图中顺序同时施焊的对称焊接。

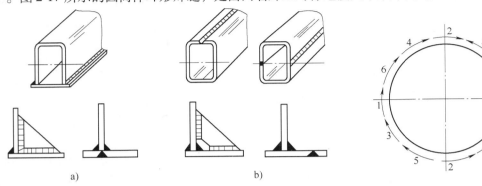

图 2-16　合理安排焊缝位置
a）不合理　b）合理

图 2-17　圆筒体环形焊缝对
称焊接顺序

2）不对称焊缝先焊焊缝少的一侧。对于不对称焊缝的结构，应先焊焊缝少的一侧，后焊焊缝多的一侧，这样可使后焊一侧的变形足以抵消先焊一侧的变形，以减少总体变形。图 2-18a 所示为压力机的压型上模结构，由于其焊缝不对称，将出现总体下挠弯曲变形（即向焊缝多的一侧弯曲）。如按图 2-18b 所示，先焊焊缝 1 和 1′，即先焊焊缝少的一侧，焊后会出现如图 2-18c 所示的上拱变形。接着按图 2-18d 所示焊接焊缝多的一侧 2、2′以及 3、3′焊缝，焊后它们的收缩足以抵消先前产生的上拱变形，同时由于结构的刚性已增大，也不致使整体结构产生下挠弯曲变形。

当只有一个焊工操作时，可按图 2-18e 所示的顺序，进行船形位置的焊接，这样焊后变形最小。

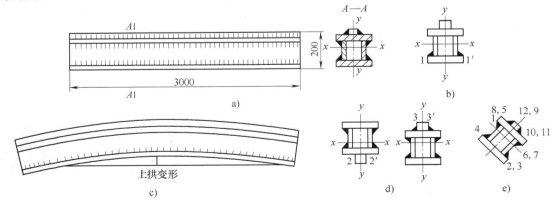

图 2-18　压型上模及其焊接顺序

3）采用不同的焊接顺序控制焊接变形。对于结构中的长焊缝，如果采用连续的直通焊，将会造成较大的变形，这除了焊接方向因素之外，焊缝受到长时间加热也是一个主要的原因。如果在可能的情况下，将连续焊改成分段焊，并适当地改变焊接方向，以使局部焊缝造成的变形适当减小或相互抵消，以达到减少总体变形的目的。图 2-19 所示为对接焊缝采用不同焊接顺序的示意图。长度 1m 以上的焊缝，常采用分段退焊法、分中分段退焊法、跳焊法和交替焊法；长度为 0.5～1m 的焊缝可用分中对称焊法。交替焊法在实际上较少使用。退焊法和跳焊法的每段焊缝长度一般为 100～350mm 较为适宜。

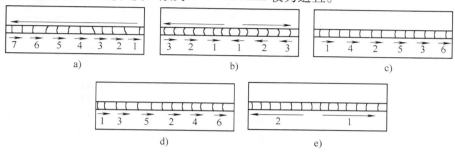

图 2-19　对接焊缝采用不同焊接顺序的示意图
a) 分段退焊法　b) 分中分段退焊法　c) 跳焊法　d) 交替焊法　e) 分中对称焊法

（2）反变形法　根据焊件变形规律，预先把焊件人为地制成一个变形，使这个变形与焊接残余变形的方向相反而且数值相等，从而防止产生焊接残余变形的方法称为反变形法。反变形法在实际生产中使用较广泛。图 2-20 所示为锅炉锅筒的反变形焊接。由两名焊工在

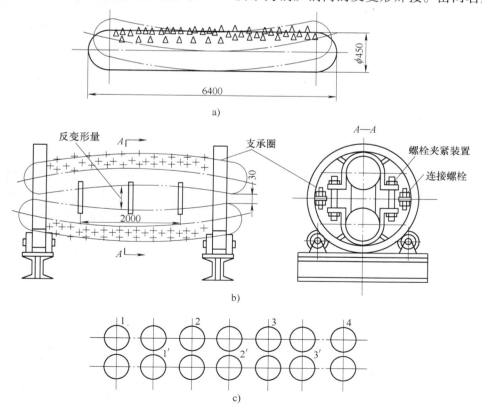

图 2-20　锅炉锅筒的反变形焊接
a) 未用反变形法的锅筒焊后变形　b) 锅筒反变形焊接翻转胎具　c) 管座的跳焊顺序

同一锅筒上各焊一排管座，按图 2-20c 所示的跳焊顺序焊接，当焊完一只锅筒的两排管座后，再用同样方法焊接另一只锅筒的管座，如此交替焊接直至焊完，焊后能明显地防止变形。图 2-21 所示为生产中采用反变形法控制焊接变形的实例。

反变形法主要用来控制角变形和弯曲变形。

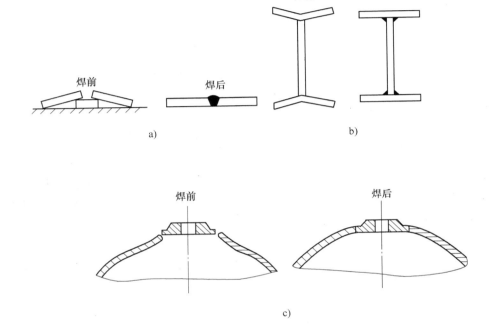

图 2-21　生产中采用反变形法控制焊接变形的实例
a）平板对接　b）工字梁焊接　c）壳体焊接

（3）刚性固定法　利用外加刚性约束来减少焊件焊后变形的方法称为刚性固定法。它实际上是通过刚性约束来增加结构的整体刚性这一原理来减少焊接变形的。因为刚性大的焊件焊后变形较小。图 2-22、图 2-23、图 2-24 所示为几种不同焊接结构，采用刚性固定法减少焊接变形的实例。

在生产实践中，常采用手动、气动、磁力等通用夹具及专用装焊夹具，来控制焊后的焊接残余变形。

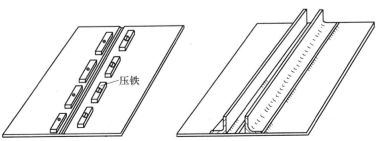

图 2-22　薄板焊接的刚性固定法

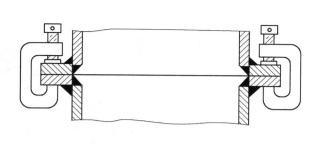

图 2-23　刚性固定法防止法兰角变形

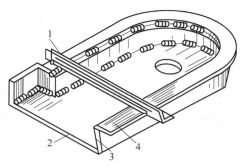

图 2-24　防护罩用临时支承的刚性固定法
1—临时支承　2—底平板　3—立板　4—圆周法兰盘

（4）散热法　散热法又称为强迫冷却法，是把焊接处的热量迅速散走，使焊缝附近金属受热区域大大减小，以达到减小焊接残余变形的目的。图 2-25a 所示为喷水散热焊接；图 2-25b 所示为焊件浸入水中散热焊接；图 2-25c 所示为用水冷铜块散热焊接。

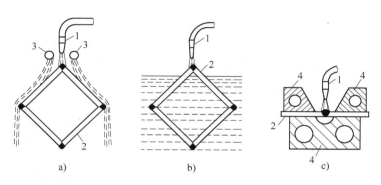

图 2-25　散热法示意图
a）喷水散热焊接　b）焊件浸入水中散热焊接　c）用水冷铜块散热焊接
1—焊炬　2—焊件　3—喷水管　4—水冷铜块

小　提　示

散热法常用于不锈钢焊接时，防止焊接残余变形，不适用于具有淬火倾向的钢材，否则在焊接时易产生裂纹。

（5）热平衡法　对于某些焊缝不对称布置的结构，焊后往往会产生弯曲变形。如果在与焊缝对称的位置上采用气体火焰与焊缝同步加热，只要加热的工艺参数选择适当，就可以减少或防止弯曲变形。图 2-26 所示为采用热平衡法防止焊接残余变形的例子。

此外，选择合理的焊接方法和焊接参数也可以减少焊接残余变形。如采用热量集中、热影响区较窄的 CO_2 气体保护焊、MAG 焊、等离子弧焊代替气焊和焊条电弧焊就能减少焊接残余变形；采用较小的焊接参数，以减少热输入，也可以减少焊接变形。

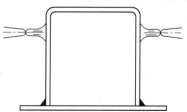

图 2-26　采用热平衡法防止
焊接残余变形

四、焊接残余变形的矫正

在焊接结构生产中，总免不了要出现焊接残余变形。因此，焊后对残余变形的矫正是必不可少的一种工艺措施。

1. 机械矫正法

机械矫正法是利用机械力的作用使焊件产生与焊接残余变形相反的塑性变形，并使两者抵消从而达到消除焊接残余变形的一种方法。在焊接生产中，机械矫正法应用较广，如筒体容器纵缝角变形常在卷板机上采用反复辗压进行矫正；薄板的波浪变形，常采用锤打焊缝区方法进行矫正。机械矫正法适用于低碳钢等塑性较好的金属材料的焊接残余变形的矫正。图2-27 所示为工字梁焊后变形的机械矫正实例。

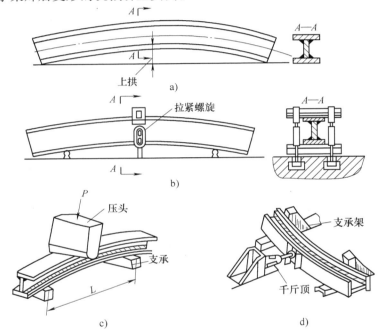

图 2-27　工字梁焊后变形的机械矫正实例
a）弯曲焊件　b）用拉紧器拉　c）用压头压　d）用千斤顶顶

2. 火焰矫正法

火焰矫正法是用氧乙炔焰或其他气体火焰（一般采用中性焰），以不均匀加热的方式引起结构变形，来矫正原有的焊接残余变形的一种方法。它的具体操作方法是，将变形构件的伸长部位，加热到 600～800℃，然后让其冷却，使加热部分冷却后产生的收缩变形来抵消原有的变形。

火焰矫正法的关键是正确确定加热位置和加热温度。火焰矫正法适用于低碳钢、Q345 等淬硬倾向不大的低合金结构钢构件，不适用于淬硬倾向较大的钢及奥氏体不锈钢构件。

火焰矫正法的加热方式有点状加热、线状加热和三角形加热三种，如图 2-28 所示。

（1）点状加热矫正　火焰加热的区域为一个点或多个点，加热点直径 d 一般不小于 15mm。点间距离 l 应随变形量的大小而变。残余变形越大，l 越小，一般在 50～100mm 之间。这种矫正方法一般用于薄板的波浪变形。

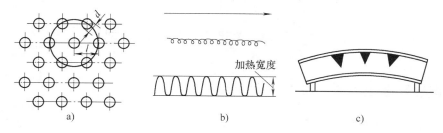

图 2-28　火焰矫正法的加热方式

a）点状加热　b）线状加热　c）三角形加热

（2）线状加热矫正　火焰沿着直线方向或者同时在宽度方向做横向摆动的移动，形成带状加热，称为线状加热。线状加热又分为直线加热、链状加热和带状加热三种形式。在线状加热矫正时，加热线的横向收缩大于纵向收缩，加热线的宽度越大，横向收缩也越大。所以，在线状加热矫正时要尽可能发挥加热线横向收缩的作用。加热线宽度一般取钢板厚度 0.5～2 倍左右。这种矫正方法多用于变形较大或刚性较大的结构，也可用于薄板矫正。

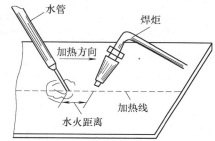

图 2-29　水火矫正

线状加热矫正时，还可同时用水冷却，即水火矫正。这种方法一般用于厚度小于 8mm 以下的钢板，水火距离通常在 25～30mm 左右。水火矫正，如图 2-29 所示。

（3）三角形加热矫正　三角形加热即加热区呈三角形。加热的部位是在弯曲变形构件的凸缘，三角形的底边在被矫正构件的边缘，顶点朝内。由于加热面积较大，所以收缩量也较大，这种方法常用于矫正厚度较大、刚性较强构件的弯曲变形。火焰矫正法实例如图 2-30 所示。

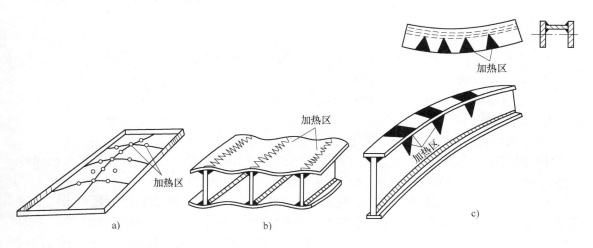

图 2-30　火焰矫正法实例

a）点状加热矫正　b）线状加热矫正　c）三角形加热矫正

模块三　焊接残余应力及控制

一、焊接残余应力的分类

1. 按引起应力的基本原因分类

（1）热应力　由于焊接时温度分布不均匀而引起的应力，又称为温度应力。

（2）相变应力　在焊接时由于温度变化而引起的组织变化所产生的应力，也称为组织应力。

（3）拘束应力　由于结构本身或外加拘束作用而引起的应力，称为拘束应力。

2. 按应力的作用方向分类

（1）纵向应力　方向平行于焊缝轴线的应力。

（2）横向应力　方向垂直于焊缝轴线的应力。

3. 按应力在空间的方向分类

（1）单向应力　在焊件中沿一个方向存在的应力，称为单向应力，又称为线应力。例如：焊接薄板的对接焊缝及在焊件表面上堆焊时产生的应力。

（2）双向应力　作用在焊件某一平面内两个互相垂直的方向上的应力，称为双向应力，又称为平面应力。它通常发生在厚度为15~20mm的中厚板焊接结构中。

（3）三向应力　作用在焊件内互相垂直的三个方向上的应力，称为三向应力，又称为体积应力。例如：焊接厚板的对接焊缝和互相垂直的三个方向焊缝交汇处的应力。

实际上，焊件中产生的残余应力总是三向应力。但当在一个或两个方向上的应力值很小可以忽略不计时，就可以认为它是双向应力或单向应力。

二、控制焊接残余应力的措施

控制焊接残余应力的措施有两个方面：一是设计措施；二是工艺措施。这里重点介绍工艺措施。

1. 设计措施

1）在保证结构有足够强度的前提下，尽量减少焊缝的数量和尺寸。

2）采用冲压结构以减少焊接结构。

3）尽量将焊缝布置在最大工作应力区域以外。

2. 工艺措施

（1）选择合理的焊接顺序

1）尽可能考虑焊缝能自由收缩。尽可能让焊缝能自由收缩，以减少焊接结构在施焊时的拘束度，最大限度地减少焊接残余应力。

图2-31所示为一大型容器底部，它是由许多平板拼接而成。考虑到焊缝能自由收缩的原则，焊接应从中间向四周进行，使焊缝的收缩由中间向外依次进行。同时，应先焊错开的短焊缝，后焊直通的长焊缝。否则，若先焊直通的长焊缝，再焊短焊缝时，会由于其横向收缩受阻而产生很大的应力。正确的焊接顺序，如图2-31所示的数字。

2）先焊收缩量最大的焊缝。将收缩量大，焊后可能产生较大焊接残余应力的焊缝，置于先焊的地位，使它能在拘束较小的情况下收缩，以减少焊接残余应力，如对接焊缝的收缩量比角焊缝的收缩量大，故同一构件中应先焊对接焊缝。图 2-32 所示为带盖板的双工字梁结构焊接顺序，应先焊盖板上的对接焊缝 1，后焊盖板与工字梁之间的角焊缝 2。

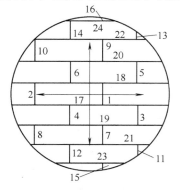

图 2-31　大型容器底部拼接焊接顺序

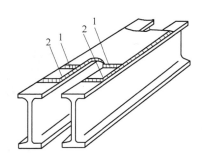

图 2-32　带盖板的双工字梁结构焊接顺序
1—对接焊缝　2—角焊缝

3）焊接平面交叉焊缝时，由于在焊缝交叉点易产生较大的焊接残余应力，所以应采用保证交叉点部位不易产生缺陷且刚性拘束较小的焊接顺序。例如：T 形、十字形交叉焊缝正确的焊接顺序如图 2-33a ~ c 所示，图 2-33d 所示为不合理焊接顺序。

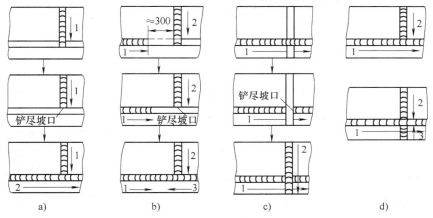

图 2-33　平面交叉焊缝的焊接顺序

（2）选择合理的焊接参数　焊接时应尽量采用小的焊接热输入施焊，选用小直径焊条、较小的焊接电流和快速焊等，以减小焊件受热范围，从而减小焊接残余应力。当然，焊接热输入的减小必须视焊件的具体情况而定。

（3）采用预热的方法　预热法是指在焊前对焊件的全部（或局部）进行加热的工艺措施，一般预热的温度在 150 ~ 350℃ 之间，其目的是减小焊接区和结构整体的温差，以使焊缝区与结构整体尽可能地均匀冷却，从而减小应力。此法常用于易裂材料的焊接。预热温度视材料、结构刚性等具体情况而定。

（4）加热"减应区"法　在焊接或焊补刚性很大的焊接结构时，选择构件的适当部位，进行加热使之伸长，然后再进行焊接。这样，焊接残余应力可大大减小。这个加热部位称为

"减应区"。"减应区"应是阻碍焊接区自由收缩的部位,加热了该部位,实质上是使它能与焊接区近乎均匀冷却和收缩,以减小内应力。图 2-34 所示为带轮轮辐、轮缘及框架断裂采用加热减应法修补示意图。

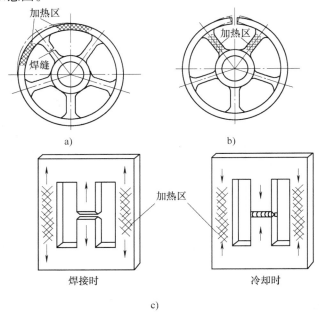

图 2-34 带轮轮辐、轮缘及框架断裂采用加热减应区法修补示意图
a) 轮辐断口焊接 b) 轮缘断口焊接 c) 框架断口焊接

(5) 锤击法 焊缝区金属由于在冷却收缩时受阻而产生拉伸应力,如在焊接每条焊道之后,用锤子锤击焊缝金属,促使它产生延伸塑性变形,以抵消焊接时产生的压缩塑性变形,这样便能起到减小焊接残余应力的作用。试验证明,锤击多层焊第一层焊缝金属,几乎能使内应力完全消失。锤击必须在焊缝塑性较好的热态时进行,以防止因锤击而产生裂纹。另外,为保持焊缝表面的美观,表层焊缝一般不锤击。

三、消除焊接残余应力的方法

消除焊接残余应力的方法有消除应力热处理、机械拉伸法、温差拉伸法、振动时效法等。钢结构常用的方法是消除应力热处理,即消除应力退火。

1. 消除应力退火

消除应力退火有整体消除应力退火和局部消除应力退火两种。

焊后把焊件总体或局部均匀加热至相变点以下某一温度(一般为 600 ~ 650℃左右),保温一定时间,然后均匀缓慢冷却,从而消除焊接残余应力的方法称为整体消除应力退火或局部消除应力退火。消除应力退火虽然加热的温度在相变点以下,金属未发生相变,但在此温度下,其屈服强度降低了,使内部在残余应力的作用下产生一定的塑性变形,使应力得以消除。

整体消除应力退火,一般在炉内进行。退火加热温度越高,保温时间越长,应力消除越彻底。整体消除应力退火,一般可将 80% ~ 90% 的残余应力消除。对于某些不允许或无法用加热炉进行加热的，可采用局部消除应力退火，即对焊缝及其附近局部区域加热退火。局部消除应力退火效果不如整体消除应力退火。图 2-35 所示为 14MnMoVB 消除应力退火的工艺曲线。常用金属材料的退火温度见表 2-1。

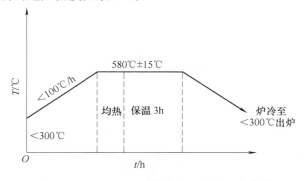

图 2-35　14MnMoVB 消除应力退火的工艺曲线

表 2-1　常用金属材料的退火温度

钢的牌号	板厚/mm	退火温度/℃
Q235A、20、20g、22g	≥35	600～650
25g、Q345、Q390	≥30	600～650
Q420	≥20	600～680

2. 振动时效法

振动时效法又称为振动消除应力法，简称 VSR，是将焊接结构在其固有频率下进行数分钟至数十分钟的振动处理，以消除其残余应力，获得稳定的尺寸精度的一种方法。

振动时效法具有投资相对较少，生产周期短；设备体积小、重量轻、便于携带，节约能源，降低成本；可避免金属零件时效过程中产生变形、氧化、脱碳及硬度降低等缺陷；操作简便，易于实现自动化等特点。因此，近年来振动时效法消除残余应力得到了迅速发展和广泛应用。

小　提　示

振动时效工艺，大多数是共振时效，是将激振器牢固地夹持在被处理工件的适当位置上，通过振动设备的控制部分，根据工件的大小和形状调节激振力，并根据工件的固有频率调节激振频率，直至工件达到共振，并在共振状态下持续一段时间，以消除焊接残余应力。

3. 机械拉伸法

对焊接结构进行加载，使焊接塑性变形区得到拉伸，以减少由焊接引起的局部压缩塑性变形量，从而消除焊接残余应力的方法称为机械拉伸法。机械拉伸法消除焊接残余应力特别适用于焊接容器，如压力容器水压试验就可起到机械拉伸作用，可消除焊接残余应力。

4. 温差拉伸法

在焊缝两侧各用一个适当宽度的氧乙炔焰加热，在火焰后一定的距离处喷水冷却，火焰和喷水管以相同的速度向前移动，如图 2-36 所示。由于两侧金属受热膨胀，对温度较低的焊缝区进行了拉伸，使之产生拉伸塑性变形以抵消焊接引起的压缩塑性变形，从而消除焊接残余应力的方法称为温差拉伸法。温差拉伸法与机械拉伸法的本质相同，都是利用拉伸来抵消焊接引起的压缩塑性变形，所不同的是，前者是利用温度差进行拉伸，后者是利用外力进行拉伸。

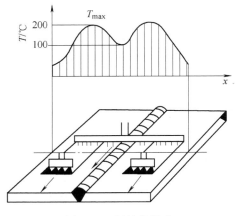

图 2-36　温差拉伸法

【工程应用实例】

转炉风管焊接变形的矫正

8t 转炉风管由于焊缝都集中在主管的一侧，所以焊后主管发生了弯曲变形，挠度达 80mm，如图 2-37 所示。

采用火焰矫正法对弯曲变形进行矫正，火焰加热位置选在支管的对面，即主管的下半部。加热范围为主管下半部 120°角所对应的弧长，采用三角形加热方式，三角形底边宽度为 80mm；加热采用 H01-12 型焊炬，2 号焊嘴，并采用中性焰，加热温度为 800℃ 左右（呈樱红色）；经两次矫正后即可矫直。

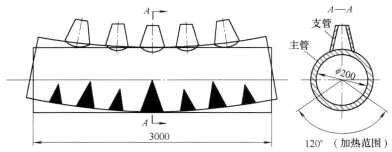

图 2-37　转炉风管焊接变形的矫正

【职业资格考证训练题】

一、填空题

1. 焊缝在钢板中间的纵向焊接应力是：焊缝及其附近产生_____，钢板两侧产生_____。

2. 焊接残余变形按其基本形式可分为_____、_____、_____、

＿＿＿＿＿＿＿＿＿＿和＿＿＿＿＿＿＿＿。

3. 产生角变形的原因是＿＿＿＿＿＿＿＿。

4. 反变形法主要用来消除焊件的＿＿＿＿＿＿＿变形和＿＿＿＿＿＿＿变形。

5. 焊接变形和焊接应力是互相联系的，当焊件拘束较小时，焊接变形＿＿＿＿＿＿＿，而焊接应力却＿＿＿＿＿＿＿。

6. 矫正焊接残余变形的方法有＿＿＿＿＿＿＿和＿＿＿＿＿＿＿两大类。

7. 根据加热区形状的不同，火焰矫正有＿＿＿＿＿＿＿、＿＿＿＿＿＿＿、＿＿＿＿＿＿＿三种方式。

8. 焊接热输入越大则焊接残余变形就越＿＿＿＿＿＿＿。

9. 利用锤击焊缝来减少＿＿＿＿＿＿＿是行之有效的方法。

10. 刚性固定法可减少焊件的＿＿＿＿＿＿＿，但会使金属焊接接头中产生较大的＿＿＿＿＿＿＿。

11. 控制焊接变形的散热法又称＿＿＿＿＿＿＿法，它不适用于具有＿＿＿＿＿＿＿倾向的钢材。

二、判断题

1. 焊缝越长，则其纵向收缩的变形量越大。　　　　　　　　　（　　）

2. 焊接变形和应力在焊接时是必然要产生的，是无法避免的。　（　　）

3. 电弧焊时产生变形和应力的根本原因是电弧的高温对焊件局部加热的结果。（　　）

4. 如果焊缝对称于焊件的中性轴，则焊后焊件会产生弯曲变形。（　　）

5. 焊缝不对称时，应先焊焊缝少的一侧以减少弯曲变形。　　　（　　）

6. 适当减少焊缝尺寸，有利于减少焊接残余变形。　　　　　　（　　）

7. 振动时效工艺是消除焊接残余变形的一种有效方法。　　　　（　　）

8. 对于长焊缝的焊接，采用分段退焊法的目的是减少变形。　　（　　）

9. 焊后锤击焊缝产生塑性变形的目的是为了改善焊缝金属的力学性能。（　　）

10. 为了减少应力，应先焊结构中收缩量最小的焊缝。　　　　（　　）

11. 普通低合金结构钢常用预热法来减少焊后的残余应力。　　（　　）

12. 焊件在焊接过程中产生的应力称为焊接残余应力。　　　　（　　）

13. 采用刚性固定法以后，焊件就不会产生焊接残余变形和残余应力了。（　　）

14. 采用对称的焊接方法可以减少焊件的波浪变形。　　　　　（　　）

15. 消除应力热处理既可消除焊接应力，又可消除焊接变形。　（　　）

第三单元　焊接结构的备料工艺

　　焊接结构的零件制造一般要经过预处理、划线、放样、下料、弯曲、压制、校正等工序。这些工序的合理安排和使用对保证产品质量、节约材料、缩短生产周期等方面均有重要的影响。

模块一　钢材的预处理

　　钢材预处理是对钢板、型钢、管子等材料在划线下料之前进行矫正及清理、表面防护等表面处理工作的总称。预处理的目的是为后序加工做好准备。

一、钢材的矫正

　　矫正是使材料在加工之前保持一种力学性能良好，以利于零件加工的平直状态。钢材的矫正是钢材进行加工并保证加工质量的前提和基础。

1. 钢材矫正的原因

　　钢板和型钢在轧制过程中，可能由残余应力引起变形；钢材在下料过程中，经过剪切、气割等工序加工后，因受外力、热等因素的影响，使材料力学性能发生变化，表面产生不平、弯曲、扭曲、波浪等变形；此外，因运输、存放不妥和其他因素的影响，也会使钢材产生变形等现象。这些都将严重影响零件和产品的质量，因此划线下料前必须对钢材进行矫正。表3-1列出了钢材在划线前允许变形的偏差值。

表3-1　钢材在划线前允许变形的偏差值

名　称	简　图	偏差值/mm
钢板、扁钢的局部挠度	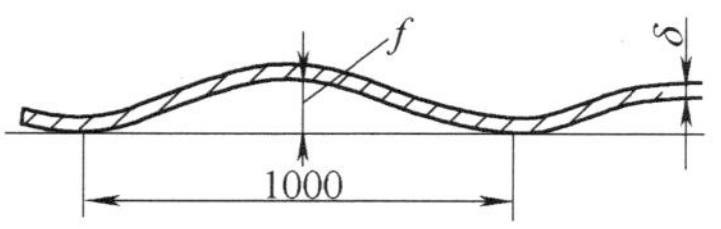	$\delta \geqslant 14,\ f \leqslant 1$ $\delta < 14,\ f \leqslant 1.5$
角钢、槽钢、工字钢、管子的垂直度	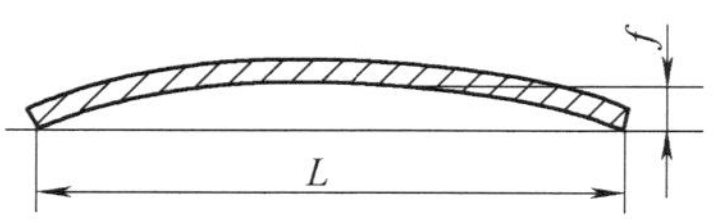	$f = \dfrac{L}{1000} \leqslant 5$
角钢两边的垂直度	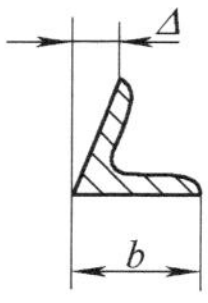	$\Delta \leqslant \dfrac{b}{100}$

（续）

名　称	简　图	偏差值/mm
工字钢、槽钢翼缘的倾斜度		$\Delta \leqslant \dfrac{b}{80}$

2. 钢材的矫正原理

钢材在厚度方向上可以假设是由多层纤维组成的。钢材处于平直状态时，各层纤维长度都相等，即 $ab = cd$，如图 3-1a 所示。钢材弯曲后，各层纤维长度不一致，即 $a'b' \neq c'd'$，如图 3-1b 所示。可见，钢材的变形就是其中一部分纤维与另一部分纤维长度不一致造成的。矫正就是通过采用加压或加热方式，把已伸长的纤维变短，把已缩短的纤维拉长，最终使钢材厚度方向的纤维长度一致，从而消除表面不平、弯曲、扭曲和波浪形等变形的过程。

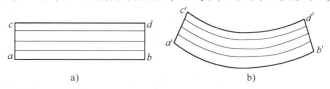

图 3-1　钢材平直和弯曲时纤维长度的变化
a）平直　b）弯曲

3. 钢材矫正的方法

常用的矫正方法有手工矫正、机械矫正、火焰矫正及高频热点矫正四种。钢材的矫正可以在冷态下进行，也可以在热态下进行。冷态下进行的矫正简称为冷矫，热态下进行的矫正简称为热矫。矫正方法的选用，与工件的形状、材料的性能和工件的变形程度有关，同时还要考虑工厂的实际情况。

（1）手工矫正　手工矫正就是工人采用手工工具，施加外力使已变形的钢材恢复平整的方法。手工矫正矫正力小、劳动强度大、效率低，常用于矫正尺寸较小的薄板钢材。手工矫正时，根据刚性大小和变形情况不同，有反向变形法和锤展伸长法。

1）反向变形法。对于刚性较好的钢材弯曲变形时，可采用反向变形法进行矫正。由于钢板在塑性变形的同时，还存在弹性变形，当外力消除后会产生回弹，因此为获得较好的矫正效果，反向弯曲矫正时应适当过量。反向弯曲矫正的应用见表 3-2。

当钢材产生扭曲变形时，也可采用反向变形法。通过对扭曲部分施加反扭矩，使其产生反向扭曲，从而消除变形。反向扭曲矫正的应用见表 3-3。

2）锤展伸长法。对于变形较小或刚性较差的钢材变形，可锤击纤维较短处，使其伸长与较长纤维趋于一致，进行矫正，见表 3-4。工件出现较复杂变形时，矫正步骤为：先矫正扭曲，后矫正弯曲，再矫正不平。如果被矫正钢材表面不允许有损伤，矫正时应用衬板或用型锤衬垫等保护措施。

　　手工矫正通常是在常温下进行的，在矫正中尽可能减少不必要的锤击和新变形的产生，防止钢材产生加工硬化。对于厚度较大、强度较高的钢材，可将钢材加热至 750 ~ 1000℃，使其处于接近热塑性状态，进而减小变形抗力，提高矫正效率。

表 3-2　反向弯曲矫正的应用

名称	变形示意图	矫正示意图	矫 正 要 点
钢板			
角钢			对于刚性较好的钢材弯曲变形时，可采用反向变形法进行矫正。由于钢板在塑性变形的同时，还存在弹性变形，当外力消除后会产生回弹，因此为获得较好的矫正效果，反向弯曲矫正时应适当过量
圆钢			
槽钢			

表3-3　反向扭曲矫正的应用

名称	变形示意图	矫正示意图	矫正要点
角钢	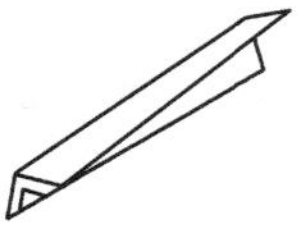	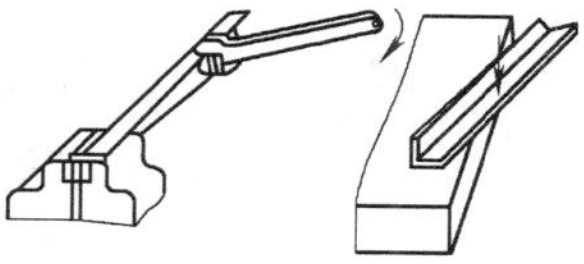	
扁钢		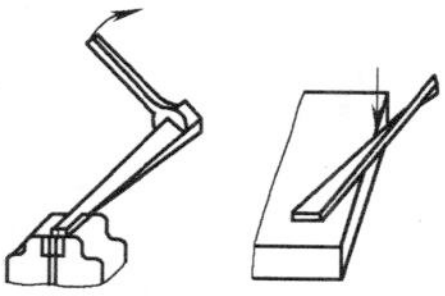	当钢材产生扭曲变形时，可对扭曲部分施加反扭矩，使其产生反向扭曲，从而消除变形
槽钢	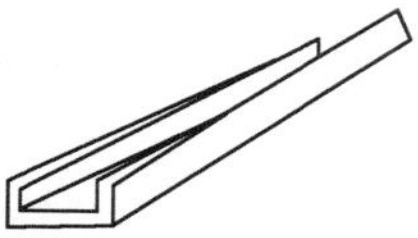	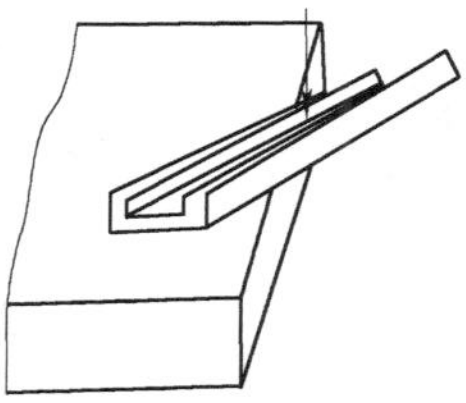	

表3-4　锤展伸长法矫正的应用

变形名称		矫正示意图	矫正要点
薄板	中间凸起	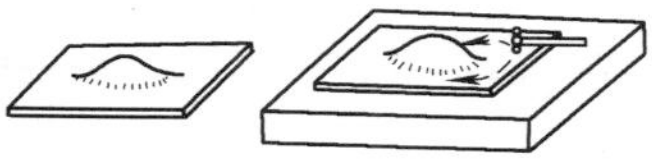	锤击由中间逐渐向四周，锤击力由中间轻至四周重
	边缘波浪形		锤击由四周逐渐移向中间，锤击力由四周轻至中间重
	纵向波浪形	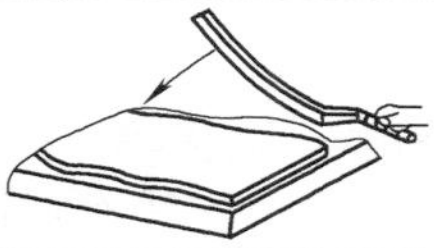	用拍板抽打，仅适用初矫的钢板
	对角翘起	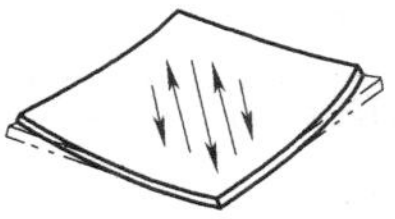	沿无翘起的对角线进行线状锤击，先中间后两侧依次进行
扁钢	旁弯	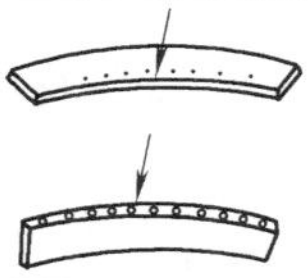	平放时，锤击弯曲凹部或竖起锤击弯曲的凸部
	扭曲	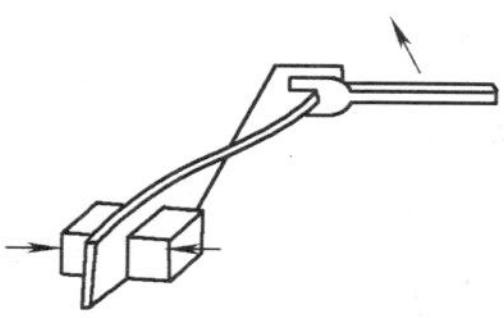	将扭曲扁钢的一端固定，另一端用叉形扳手反向扭曲

（续）

变形名称		矫正示意图	矫正要点
槽钢	弯曲变形	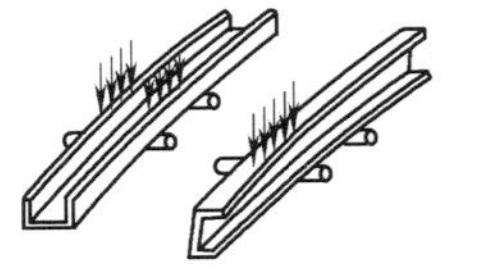	槽钢旁弯，锤击两翼边凸起处；槽钢上拱，锤击靠立筋上拱的凸起处
角钢	外弯	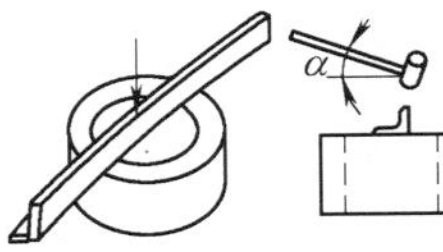	将角钢一翼边固定在平台上，锤击外弯角钢的凸部
	内弯	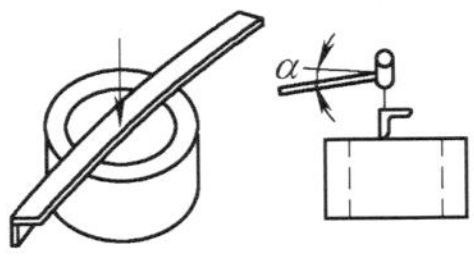	将内弯角钢放置于平台上，锤击角钢靠立筋处的凸部
	扭曲	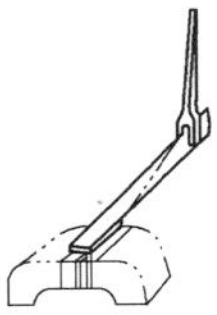	将角钢一端的翼边夹紧，另一端用叉形扳手反向扭曲，最后再用锤子矫直
	角变形	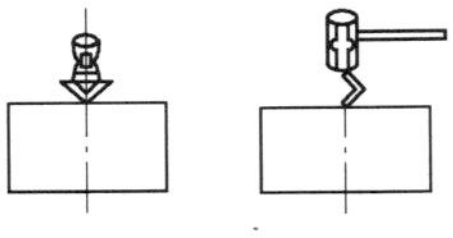	角钢翼边小于90°用型锤扩张角钢内角；角钢翼边大于90°，将角钢一翼边固定，锤击另一翼边

　　（2）机械矫正　手工矫正的作用力有限，劳动强度大，效率低，表面损伤大，故不能满足生产需要；同时，冷作加工的钢材和工件的变形情况都比较有规律，所以许多钢材和工件通常采用机械方式进行矫正。机械矫正是利用三点弯曲使工件产生一个与变形方向相反的变形，从而使工件恢复平直的方法。机械矫正使用的设备有专用设备和通用设备。专用设备有钢板矫正机、圆钢与钢管矫正机、型钢矫正机、型钢撑直机等；通用设备指一般的压力机、卷板机等。

　　1）机械矫正的原理、分类及适用范围。机械矫正的原理就是通过机械动力或液压力对材料的变形处给予作用，使材料恢复平直状态。机械矫正的分类及适用范围见表3-5。

表3-5　机械矫正分类及适用范围

矫正方法	简图	适用范围
拉伸机矫正	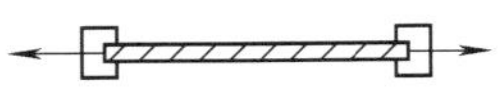	薄板、型钢扭曲的矫正，管子、扁钢和线材弯曲的矫正

（续）

矫正方法	简　图	适　用　范　围
压力机矫正	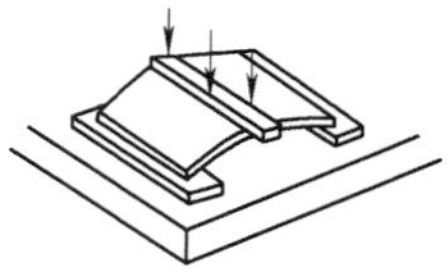	中厚板的弯曲矫正
	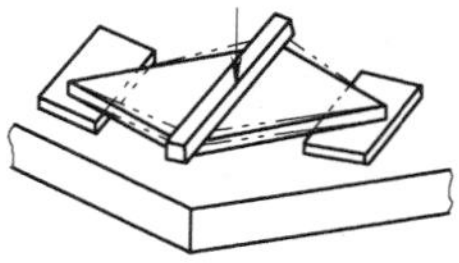	中厚板的扭曲矫正
	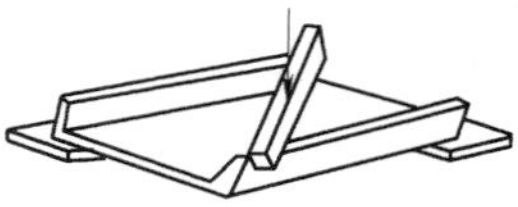	型钢的扭曲矫正
	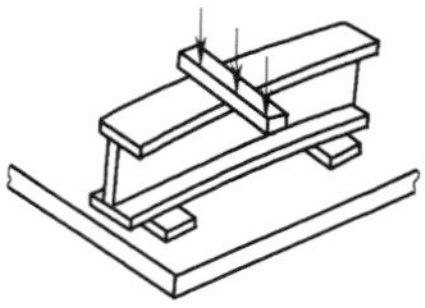	工字钢、箱形梁等的上拱矫正
	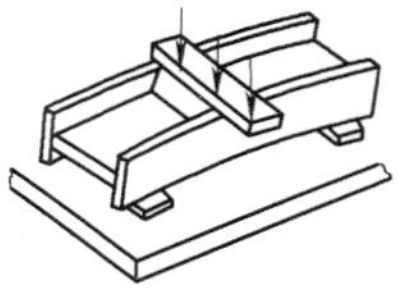	工字钢、箱形梁等的上旁弯矫正
	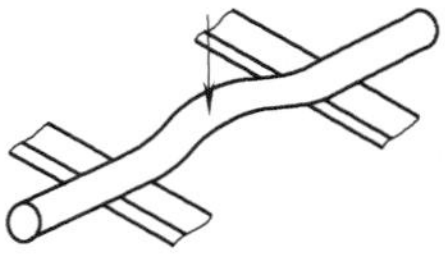	较大直径圆钢、钢管的弯曲矫正
撑直机矫正	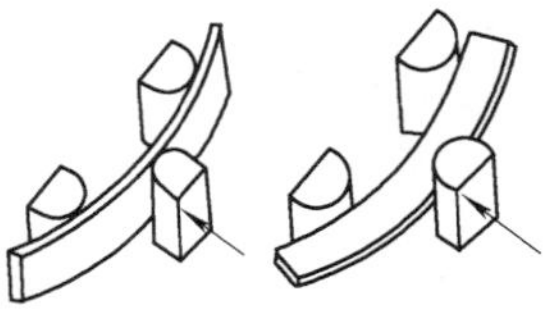	较长、面窄的钢板的弯曲及旁弯矫正
		槽钢，工字钢等的上拱及旁弯矫正
	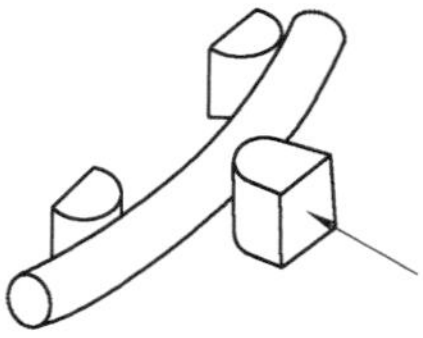	圆钢等较大尺寸圆弧的弯曲矫正

（续）

矫正方法	简　图	适　用　范　围
卷板机矫正	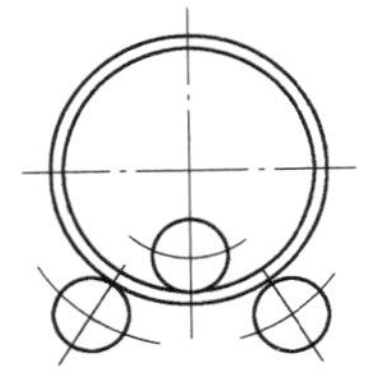	钢板拼接而成的圆体，在焊缝处产生凹凸、椭圆等缺陷的矫正
型钢矫正机矫正	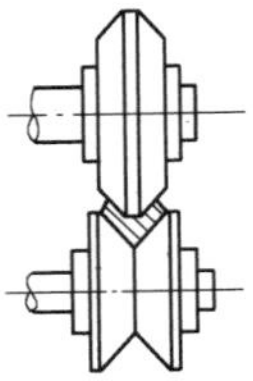	角钢翼边的变形及弯曲矫正
	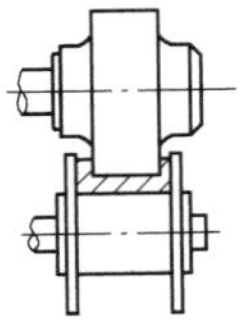	槽钢翼边的变形及弯曲矫正
	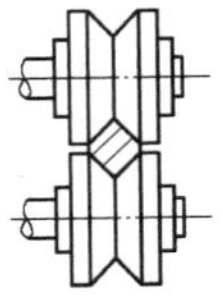	方钢的弯曲矫正
平板机矫正	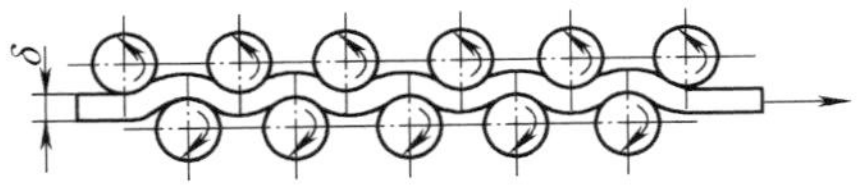	薄板的弯曲及波浪形变形矫正
	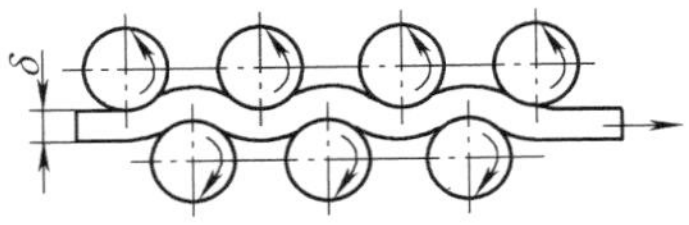	中厚板的弯曲矫正
多辊机矫正		薄壁管和圆钢的矫正
	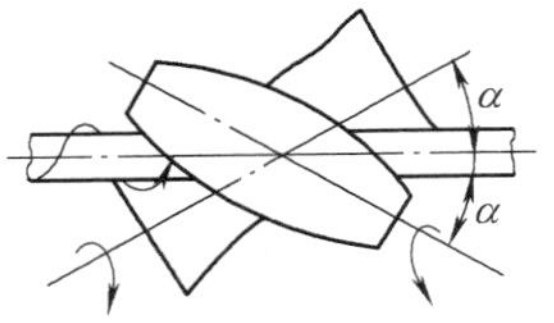	厚壁管和圆钢的矫正

　　2）特殊变形的矫正。钢板有特殊变形时，需采取一定的措施才能矫正。钢板特殊变形的矫正方法见表3-6。

表3-6　钢板特殊变形的矫正方法

钢板特征	矫正方法	
	简　图	说　明
松边钢板（中部较平，而两侧纵向呈波浪形）	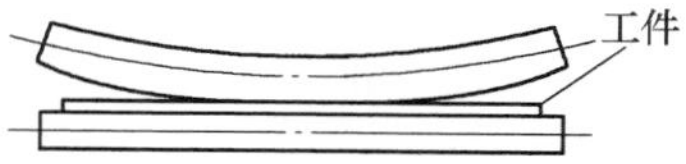	调整托辊，使上辊向下挠曲
	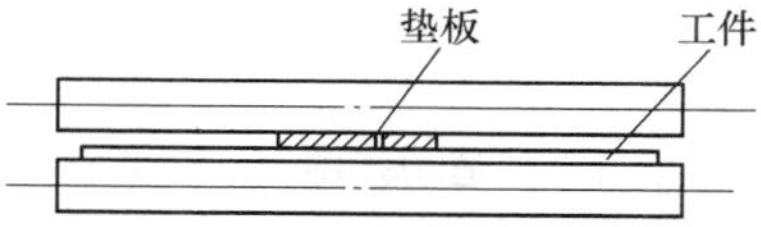	在钢板的中部加垫板
紧边钢板（中部纵向呈波浪形，而两侧较平）		调整托辊，使上辊向上挠曲
	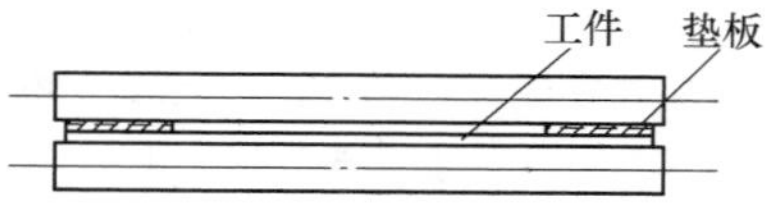	在钢板两侧加垫板
单边钢板（一侧纵向呈波浪形，而另一侧较平）		调整托辊，使上辊倾斜
		在紧边一侧加垫板
小块钢板	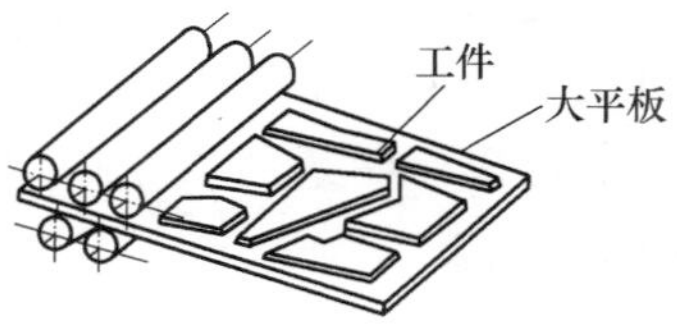	将许多厚度相同的小块钢板均布于大平板上矫正，然后翻转再矫

（3）火焰矫正　火焰矫正是利用火焰对钢材的伸长部位进行局部加热，使其产生塑性变形，从而矫正构件变形的方法。火焰矫正，操作方便灵活，所以应用比较广泛。

1）火焰矫正原理。火焰矫正是采用火焰对钢材纤维伸长部位进行局部加热，利用钢材热胀冷缩的特性，使加热部分的纤维在四周较低温度部分的阻碍下膨胀，产生压缩塑性变形，冷却后纤维缩短，使纤维长度趋于一致，从而使变形得以矫正。

2）火焰矫正的效果。决定火焰矫正效果主要有火焰加热的方式、火焰加热的位置及火焰加热的温度三个方面。

火焰加热的方式主要有点状加热、线状加热和三角形加热，如图3-2所示。火焰矫正的适用范围及加热要领见表3-7。

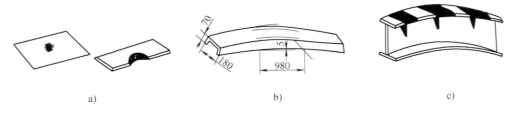

图 3-2 火焰加热的方式
a）点状加热 b）线状加热 c）三角形加热

表 3-7 火焰矫正的适用范围及加热要领

加热方式	适用范围	加热要领
点状加热	薄板凹凸不平，钢管弯曲等的矫正	变形量大，加热点距小，加热点直径适当大些；反之，则点距大，点径小些；薄板加热温度低些，厚板加热温度高些
线状加热	中厚板弯曲，T 字形、工字梁焊后角变形等的矫正	一般加热线宽度约为板厚的 0.5～2 倍，加热深度为板厚的 1/3～1/2。变形越大，加热深度应大一些
三角形加热	变形较严重、刚性较大的构件变形的矫正	一般加热三角形高度约为材料宽度的 0.2 倍，加热三角形底部宽应以变形程度而定，加热区域大，收缩量也较大

火焰加热的位置应选择在金属纤维较长的部位或者凸出部位，如图 3-3 所示。

生产中常采用氧乙炔焰加热，采用中性焰。一般钢材的加热温度在 600～800℃，低碳钢不高于 850℃；厚钢板和变形较大的工件，加热温度在 700～850℃，加热速度要缓慢；薄钢板和变形较小的工件，加热温度在 600～700℃，加热速度要快；严禁在 300～500℃温度时进行矫正，以防钢材脆裂。

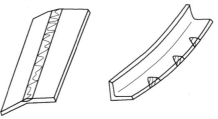

图 3-3 火焰加热的位置

为了提高矫正质量和矫正效果，还可施加外力作用或在加热区域用水急冷，以提高矫正效率。但对厚板和具有淬硬倾向的钢材，不适宜用水急冷，以防止产生裂纹和淬硬。常用钢材及结构件的火焰矫正要点见表 3-8。

表 3-8 常用钢材及结构件的火焰矫正要点

变形情况		简图	矫正要点
薄钢板	中部凸起		中间凸部较小，将钢板四周固定在平台上，点状加热在凸起四周，加热顺序如图中数字所示；凸部较大，可用线状加热，先从中间凸起的两侧开始，然后向凸起中间围拢

（续）

变形情况		简　图	矫　正　要　点
薄钢板	边缘呈波浪形	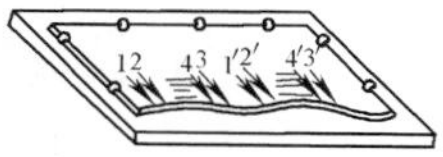	将三条边固定在平台上，使波浪形集中在一边上，用线状加热，先从凸起的两侧处开始，然后向凸起处围拢。加热长度约为板宽的1/3～1/2，加热间距视凸起的程度而定。如一次加热不能矫平，则进行第二次矫正，但加热位置应与第一次错开，必要时，可用浇水冷却，以提高矫正的效率
型钢	局部弯曲变形	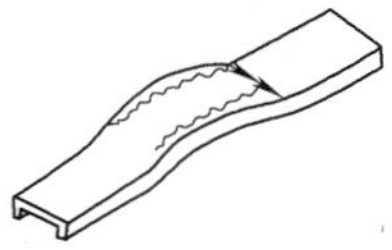	矫正时，在型钢的两翼边处同时向一方向进行线状加热，加热宽度按变形程度的大小确定，变形大，加热宽度大些
	旁弯	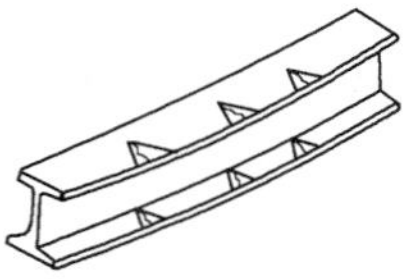	在旁翼边凸起处，进行三角形加热矫正
	上拱	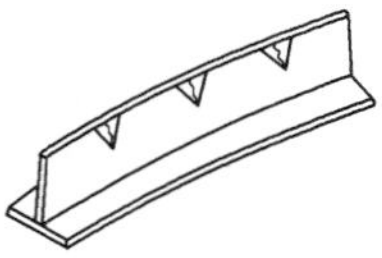	在垂直立筋凸起处，进行三角形加热矫正
	钢管局部弯曲		采用点状加热在管子凸起处，加热速度要快，每加热一点后迅速移至另一点，一排加热后再取另一排
焊接梁	角变形	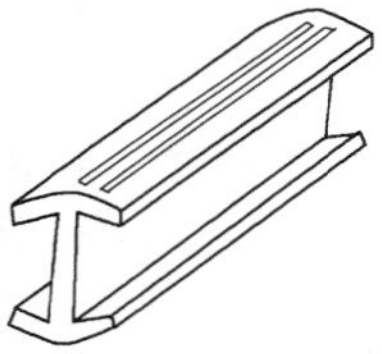	在焊接位置的凸起处，进行线状加热，如板较厚，可两条焊缝背面同时加热矫正
	上拱	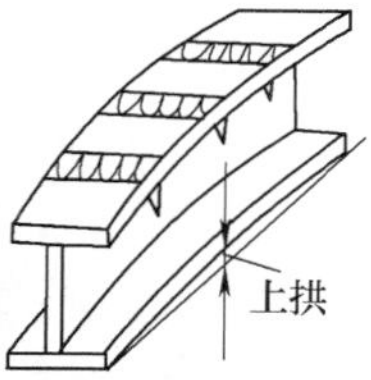	在上拱面板上用线状加热，在立板上部用三角形加热矫正
	旁弯	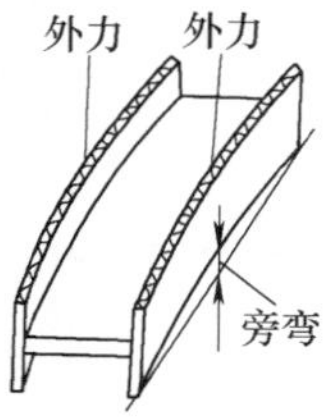	在上下两侧板的凸起处，同时采用线状加热，并附加外力矫正

（4）高频热点矫正　高频热点矫正是在火焰矫正的基础上发展起来的一种新工艺。它可以矫正任何钢材的变形，尤其对尺寸较大、形状复杂的工件，效果更显著。

1）高频热点矫正原理。通入高频交流电的感应圈产生交变磁场，当感应圈靠近钢材时，钢材内部产生感应电流（即涡流），使钢材局部的温度立即升高，从而进行加热矫正。

2）高频热点矫正方法。加热的位置与火焰矫正时相同，加热区域的大小取决于感应圈的形状和尺寸。感应圈一般不宜过大，否则加热慢；加热区域大，也会影响加热矫正的效果。一般加热时间为 4～5s，温度约 800℃。

感应圈采用纯铜管制成宽 5～20mm，长 20～40mm 的矩形，铜管内通水冷却。高频热点矫正与火焰矫正相比，不但效果显著，生产率高，而且操作简便。

二、钢材的表面清理

钢材的表面清理就是清除钢材表面的铁锈和油污等的一道工序。

为防止零件在加工过程中再一次被污染，有些零件在表面清理后还要涂保护底漆。常用的表面清理方法有机械除锈法、化学除锈法和火焰除锈法。

1. 机械除锈法

机械除锈法常用的主要有喷砂（或喷丸），手动砂轮、钢丝刷、砂布打磨等。采用手动砂轮、钢丝刷和砂布打磨，方便灵活但劳动强度大、生产效率低。现在工业批量生产时多用以喷砂（或喷丸）工艺为主的钢材表面处理生产线。

喷砂（或喷丸）是从专门压缩空气装置中急速喷出干砂（或铁丸），轰击到钢材表面，从而将其表面的氧化物、污物去除的一种工艺方法，如图 3-4 所示。这种方法清理较彻底，效率也较高，但喷砂（或喷丸）时粉尘大，劳动条件差，需在专用车间或封闭条件下进行。同时经喷砂（或喷丸）处理的材料会产生一定的表面硬化，对零件后续的弯曲加工有不良影响。喷砂（或抛丸）也常用在结构焊后涂装前的清理上。

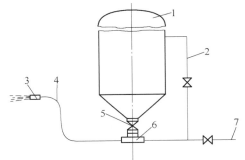

图 3-4　喷砂装置工作原理
1—砂斗　2—平衡管　3—喷砂嘴　4—橡胶软管
5—放砂旋塞　6—混砂管　7—导管

2. 化学除锈法

化学除锈法即用腐蚀性的化学溶液对钢材表面进行腐蚀清洗。此法效率高，质量均匀而稳定，但成本高，并会对环境造成一定的污染。

化学除锈法一般分为酸洗法和碱洗法。酸洗法主要用于除去钢材表面的氧化物、锈蚀物等污物；碱洗法主要用于去除钢材表面的油污。化学除锈法工艺过程较为简单，一般是将配制好的酸、碱溶液装入槽内，将工件放入浸泡一定时间，然后取出用水冲洗干净即可。

3. 火焰除锈法

火焰除锈法就是在锈层表面喷上一层化学可燃试剂，然后点燃，利用氧化皮和钢铁基体的膨胀系数不同，在使氧化皮高温下开裂脱落而除去的方法。火焰除锈前，厚的锈层应铲除；火焰加热作业后，以动力钢丝刷清除加热后附着在钢材表面的产物。火焰除锈法目前主要用在铁路、船舶以及一些重装备制造业，在其他厂矿使用较少。此法虽然简单，但对工件会产生不利因素，如热变形、热应力等，严重影响产品质量，特别是对薄钢板尤其要加以注意。所以，火焰除锈法只能用于厚钢板及大型铸件。

模块二　划线、放样与下料

一、划线

划线是根据设计图样上的图形和尺寸，准确地按 1∶1 在待下料的零件表面上划出加工界线的过程。划线的作用是确定零件各加工表面的加工位置和余量，使零件加工时有明确的标志；还可以检查零件毛坯是否正确；对于有些误差不大，但已属不合格的毛坯，可以通过借料得到挽救。划线的精度一般要求在 $0.25 \sim 0.5\text{mm}$。

1. 划线的基本原则

1）垂线必须用作图法。

2）用划针或石笔划线时，针尖应紧贴钢直尺和样板的边沿。

3）圆规在钢板上划圆、圆弧或分量尺寸时，应先打上样冲眼，以防圆规尖滑动。

4）平面划线应先划基准线，后按由外向内、从上到下、从左到右的顺序划线的原则。先划基准线，是为了保证加工余量的合理分布。划线之前应该在工件上选择一个或几个面或线作为划线的基准，以此来确定工件其他加工表面的相对位置。一般情况下，以底平面、侧面、轴线或主要加工面为基准。图 3-5 所示为划线基准的选择实例。

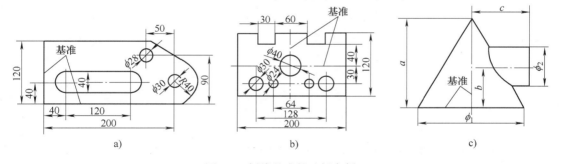

图 3-5　划线基准的选择实例

a）以两条相互垂直的线（面）为基准　b）以两条中心线为基准　c）以一个平面和一条中心线为基准

小　提　示

划线的质量，取决于作图方法的正确性、工具质量、工作条件、作图技巧、经验和视觉的敏锐程度等因素。此外还与工件成形因素（如气割、卷圆等）及焊接和火焰矫正的变形影响等有关。

---

2. 划线的分类

划线可为平面划线的立体划线两种。

1）平面划线与几何作图相似，在工件的一个平面上划出图样的形状和尺寸，有时也可以采用样板一次划成。

2）立体划线是在工件的几个表面上划线，即在长、宽、高三个方向上划线。

3. 基本线型的划法

（1）直线的划法

1）直线长不超过1m可用钢直尺划线。划针尖或石笔尖紧抵钢直尺，向钢直尺的外侧倾斜15°~20°划线，同时向划线方向倾斜。

2）直线长不超过5m用弹粉法划线。弹粉线时把线两端对准所划直线两端点，拉紧使粉线处于平直状态，然后垂直拿起粉线，再轻放。若是较长线时，应弹两次，以两线重合为准；或是在粉线中间位置垂直按下，左右弹两次完成。

3）直线长超过5m用拉钢丝的方法划线，钢丝取$\phi 0.5 \sim \phi 1.5 \mathrm{mm}$。操作时，两端拉紧并用两垫块垫托，其高度尽可能低些，然后可用直角尺靠紧钢丝的一侧，在90°下端定出数点，再用粉线以三点弹成直线。

（2）大圆弧的划法　放样或装配有时会碰上划一段直径为十几米甚至几十米的大圆弧，因此，一般的长划规和盘尺不能适用，只能采用近似几何作图或计算法作图。

1）大圆弧的准确划法。已知弦长ab和弦弧距cd，先作一矩形$abef$，如图3-6a所示；连接ac，并作ag垂直于ac，如图3-6b所示；以相同份数（图3-6上为4等分）等分线段ad、af、cg，对应各点连线的交点用光滑曲线连接，即为所划的圆弧，如图3-6c所示。

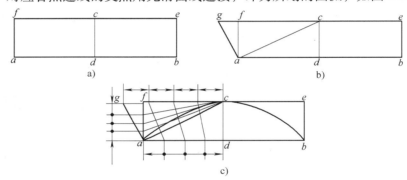

图3-6　大圆弧的准确划法

2）大圆弧的计算法。计算法比作图法要准确得多，一般采用计算法求出准确尺寸后再划大圆弧。

如图3-7所示，已知大圆弧半径为R，弦弧距为ab，弦长为cg，求弧高（d为ac线上任意一点）。

作ed的延长线至交点f。

在$\triangle Oef$中，$Oe = R$，$Of = ad$，$ef = \sqrt{R^2 - ad^2}$。

又$df = aO = R - ab$，

所以

$$de = \sqrt{R^2 - ad^2} - R + ab$$

上式中R、ab为已知，d为ac线上的任意一点，所以只要设一个ad长，即可代入式中求出de的高，e点求出后，则大圆弧gec可划出。

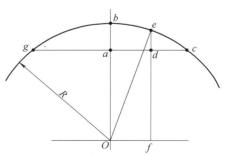

图3-7　大圆弧的计算法

小　提　示

生产中如果焊接产品批量较大，为了提高生产率，避免每次划线作图的误差，提高划线精度，常采用样板来划线，称为号料。所谓样板就是按放样平台上已放好的图形，用金属板（片，厚度为 1~1.5mm）、木（胶合）板或厚纸板或油毡纸板制作的放样工具。

二、放样

放样又称为落样或放大样。它是依据构件图的要求，用 1∶1 或一定的比例，按正投影原理，把构件划在样台或平板上，划出图样，此图称为实样图，又称为放样图。划放样图的过程称为放样。对于不同行业，如机械、锅炉、船舶、车辆、化工、冶金、飞机制造等，其放样工艺各具特色，但就其基本程序而言，却大体相同。

1. 放样的工具

（1）放样台　放样台是进行实尺放样的工作场地，放样台要求光线充足，便于看图和划线。常用放样台有钢质和木质两种。

钢质放样台是用铸铁或由厚 12mm 以上的低碳钢板所制成，在钢板连接处的焊缝应铲平磨光，保持板面平整，板下需用枕木或型钢垫高。

木质放样台为木地板，要求地板光滑，表面无裂缝，木材纹理要细、疤节少，还要有较好的弹性。为保证地板具有足够的刚度，防止产生较大的挠度而影响放样精度，地板厚度要求为 70~100mm，各板料之间必须紧密地连接，接缝应该交错地排列。地板表面要涂上两三道底漆，待干后再涂抹一层灰色的无光漆，以免地板反光刺眼，同时该面漆可对各种色漆都能鲜明地衬出。

（2）量具　放样使用的量具有钢卷尺、直角尺、钢直尺、平尺等。

（3）其他工具　常用的工具有划针、圆规、长划规、粉线等工具。

2. 放样方法

放样的方法有多种，生产中常采用实尺放样、展开放样和计算机光学放样。

（1）实尺放样　根据图样的形状和尺寸，用基本的作图方法，以产品的实际大小划到放样台的工作称为实尺放样。

（2）展开放样　把各种立体的零件表面摊平的几何作图过程称为展开放样。

（3）计算机光学放样　用计算机光学手段（比如扫描），将缩小的图样投影在钢板上，然后依据投影线进行划线。

3. 放样程序

放样程序一般包括结构处理、划基本线型和展开三个部分。

（1）结构处理　结构处理又称为结构放样，是根据图样进行工艺处理的过程。它一般包括确定各连接部位的接头形式、图样计算或量取坯料实际尺寸、制作样板与样杆等。

（2）划基本线型　划基本线型是在结构处理的基础上，确定放样基准和划出工件的结构轮廓。

（3）展开　展开是对不能直接划线的立体零件进行展开处理，将零件摊开在平面上。

展开分为可展表面展开和不可展表面展开。可展表面是指立体的表面能全部平整地摊平在一个平面上，而不发生撕裂或皱褶。相邻素线位于同一平面上的立体表面都是可展表面，如柱面、锥面等。如果立体的表面不能自然平整地展开摊平在一个平面上，即称为不可展表面，如圆球和螺旋面等。

1）可展表面的展开放样。可展表面的展开方法有平行线法、放射线法和三角形法三种。

①平行线法。展开原理是将立体的表面看作由无数条相互平行的素线组成，取两相邻素线及其两端线所围成的微小面积作为平面，只要将每一小平面的真实大小，依次顺序地划在平面上，就得到了立体表面的展开图。平行线法适用于素线相互平行的几何体的展开，如各种棱柱体、圆柱体等。

图 3-8 所示为等径 90°弯头的一段，用平行线法作其展开图。

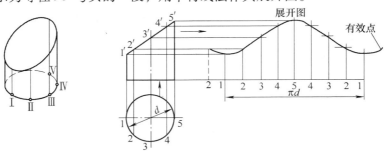

图 3-8　等径 90°弯头的展开图

按已知尺寸划出主视图和俯视图，8 等分俯视图圆周，等分点为 1、2、3、4、5，由各等分点向主视图引素线，得到与上口线交点 1′、2′、3′、4′、5′，则相邻两素线组成一个小梯形，每个小梯形称为一个平面。

延长主视图的下口线作为展开的基准线，将圆周展开，在展长线上得 1、2、3、4、5、4、3、2、1 各点。通过各等分点向上作垂线，与由主视图 1′、2′、3′、4′、5′上各点向右所引水平线对应相交，将各交点连成光滑曲线，即得展开图。

②放射线法。放射线法适用于立体表面的素线相交于一点的锥体。展开原理是将锥体表面用放射线分割成共顶的若干三角形小平面，求出其实际大小后，仍用放射线形式依次将它们划在同一平面上，就得到所求锥体表面的展开图。

图 3-9 所示为圆锥表面的展开过程。展开时，首先用已知尺寸划出主视图和锥底断面图（以中性层的尺寸划），并将锥底断面半圆周分为若干等份，如 6 等份，如图 3-9 所示；然后，过等分点向圆锥底面引垂线得交点，由交点向锥顶 S 连素线，即将圆锥面分成 12 个三角形小平面，以 S 为圆心，S7′为半径划圆弧 11，得到锥底断面圆周长；最后连接 1S 即得所求展开图。

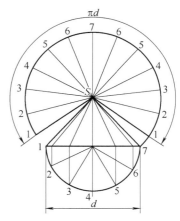

图 3-9　圆锥表面的展开过程

③三角形法。三角形法是将立体表面分割成一定数量的三角形平面，然后求出各三角形每边的实长，并把它们的实形依次划在平面上，从而得到整个立体表面的展开图。

图 3-10 所示为用三角形法作正四棱台展开图。

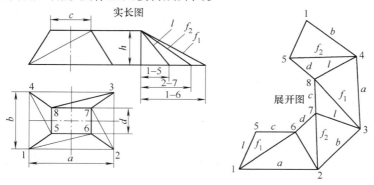

图 3-10　用三角形法作正四棱台展开图

展开时，先划出正四棱台的主视图和俯视图，在俯视图依次连出各侧面对角线。求 1-5、1-6、2-7 的实长，其方法是以主视图 h 为对边，取俯视图 1-5、1-6、2-7 为底边，作直角三角形，则其斜边即为各边实长。求得实长后，用划三角形的方法即可划出展开图。

2）不可展表面的展开放样。不可展表面的展开放样通常采用近似的方法，如等弧长法、等面积法、经验展图法等。

①等弧长法。等弧长法是假设壳体成形前后"中性层"几何长度尺寸不变来确定所需要坯料尺寸的，主要用于锅炉、压力容器等封头坯料尺寸的确定。碟形封头如图 3-11 所示，设直边高度为 h，过渡圆弧半径为 r，圆弧半径为 R，则所需坯料的放样尺寸 D_a 为

$$D_a = 2(KS + SN + NA) = 2h + 2r\alpha + R\beta$$

②等面积法。等面积法认为封头曲面中性层面积和变形前坯料中性层面积相等。设直边高度为 h，则按等面积展开所得标准椭圆封头的坯料放样尺寸 D_a 为

$$D_a = \sqrt{1.38D^2 + 4Dh}$$

③经验展图法。对于常用封头的坯料尺寸，一些封头生产厂家根据自身生产设备提出了一些经验公式，如封头公称

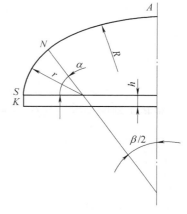

图 3-11　碟形封头

直径为 D，直边高度为 h，封头厚度为 δ 时，典型模压标准椭圆封头的展开放样尺寸为：$D_a = 1.2D + 2h + \delta$；典型旋压椭圆封头的展开放样尺寸为：$D_a = 1.15(D + 2\delta) + 2h + 20\text{mm}$。

三、下料

下料就是用各种方法将毛坯或工件从原材料上分离下来的工序。一般把下料分为手工下料和机械下料。常用的下料方法主要有剪切、气割、冲裁、锯削、砂轮切割等。

1. 剪切

剪切就是用上、下剪切切削刃相对运动切断材料的加工方法。它是冷作产品制作过程中下料的主要方法之一。剪切一般在斜口剪床、平口剪床、龙门剪床、圆盘剪床等专用机床上进行。

（1）斜口剪床　斜口剪床的剪切部分是上下两剪切切削刃，切削刃长度一般为 300 ～ 600mm，下切削刃固定在剪床的工作台部分，靠上切削刃的上、下运动完成材料的剪切过程。

为了使切削刃在剪切中具有足够的剪切能力，其上切削刃沿长度方向还具有一定的斜度，斜度一般在 10°～15°，沿截面也有一定的角度，其角度为 75°～80°，此角度主要是为了避免在剪切时切削刃和钢板材料之间产生摩擦。另外上、下切削刃的刃口部分也具有 5°～7° 的刃口角，如图 3-12 所示。

由于上切削刃的下降将拨开已剪部分板料，使其向下弯、向外扭而产生弯扭变形，上切削刃倾斜角度越大，弯扭现象越严重。在大块钢板上剪切窄而长的条料时，变形更突出，如图 3-13 所示。

（2）平口剪床　平口剪床有上下两个切削刃，下切削刃固定在剪床的工作台的前沿，上切削刃固定在剪床的滑块上。由上切削刃的运动而将板料分离。因上下切削刃互相平行，故称为平口剪床。上、下切削刃与被剪切的板料整个宽度方向同时接触，板料的整个宽度同时被剪断，因此所需的剪切力较大，如图 3-14 所示。

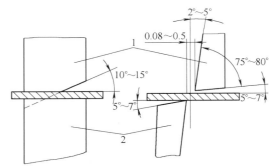

图 3-12　切削刃的角度
1—上切削刃　2—下切削刃

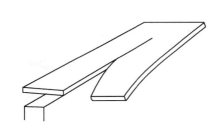

图 3-13　斜口剪床剪切弯扭现象示意图

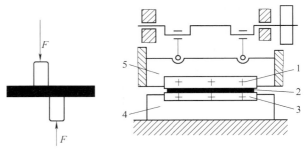

图 3-14　平口剪床剪切示意图
1—上切削刃　2—板料　3—下切削刃　4—工作台　5—滑块

（3）龙门剪床　龙门剪床主要用于剪切直线。它的切削刃比其他剪切机的切削刃长，能剪切较宽的板料，因此龙门剪床是加工中应用最广的一种剪切设备，如 Q11-13×2500。

（4）圆盘剪床　圆盘剪床上的上下切削刃皆为圆盘状。剪切时上下圆盘切削刃以相同的速度旋转，被剪切的板料靠本身与切削刃之间的摩擦力而进入切削刃中完成剪切工作，如图 3-15 所示。

圆盘剪床剪切是连续的，生产率较高，能剪切各种曲线轮廓，但所剪板料的弯曲现象严重，边缘有毛刺，一般适合于剪切较薄钢板的直线或曲线轮廓。

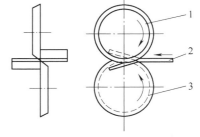

图 3-15　圆盘剪床工作简图
1—上圆盘切削刃　2—板料　3—下圆盘切削刃

国产的剪板机，有关国家标准对其型号编制都进行了规定，如 Q11-13×2500 的含义如下：

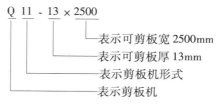

$$Q\ 11\ \text{-}\ 13 \times 2500$$

　　　　　　　　└─表示可剪板宽 2500mm
　　　　　　└──表示可剪板厚 13mm
　　　　└────表示剪板机形式
　　└──────表示剪板机

2. 气割及等离子弧切割

气割就是利用气体火焰将金属材料加热使其在氧气中燃烧，通过切割氧气使金属剧烈氧化成氧化物，并从切口中吹掉，从而达到分离金属材料的方法。气割包括手工火焰气割、数控火焰气割等。等离子弧切割是利用高温高速等离子弧，将切口金属及氧化物熔化，并将其吹走而完成切割过程。等离子弧切割是属于熔化切割，这与气割在本质上是不同的，由于等离子弧的温度和速度极高，所以任何高熔点的氧化物都能被熔化并吹走，因此可切割各种金属和非金属材料。

3. 砂轮切割

砂轮切割是利用高速旋转的薄片砂轮与钢材摩擦产生的热量，将切割处的钢材熔化变成"钢花"喷出形成割缝的工艺。砂轮切割可以切割尺寸较小的型钢、不锈钢、轴承钢型材。它的切割的速度比锯削快，但在切割过程中切口受热，割后性能稍有变化。

型钢经剪切后的切口处断面可能发生变形，用锯削速度又较慢，所以常用砂轮切割断面尺寸较小的圆钢、钢管、角钢等。但砂轮切割一般是手工操作，灰尘很大，劳动条件很差，工作时应采取适当的防尘与排尘措施。

图 3-16 所示为砂轮切割机设备外形图。钢材由可转夹钳夹紧，切割时打开手柄上的开关，砂轮转动，压下手柄进行切割。压下力不应过大，以免砂轮片破碎。人不要站在切割方向，以免砂轮片损坏时飞出伤人。

通常使用的砂轮片直径为 300~400mm，厚度为 3mm，砂轮转速为 2900r/min，切割线速度为 60m/s。为了防止砂轮片破碎，应采用有纤维的增强砂轮片。

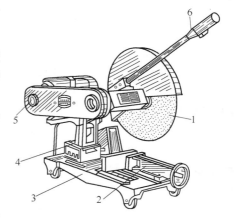

图 3-16　砂轮切割机设备外形图
1—砂轮片　2—可转夹钳　3—底座
4—调修机构　5—动力头　6—手柄

4. 冲裁

冲裁是利用模具在压力机上使板料分离的工序。冲裁包括了所有的分离工序，主要有落料和冲孔。落料是指材料沿封闭的轮廓线产生完全的分离，冲裁轮廓线以内的部分为零件，以外的部分为废料；冲孔则是指材料沿封闭的轮廓线产生完全的分离，冲裁轮廓线以外的部分为零件，以内的部分为废料。

（1）冲裁分离过程　板料冲裁分离过程大致可分为弹性变形、塑性变形和剪裂分离三个阶段，如图 3-17 所示。

弹性变形阶段是当凸模在压力机滑块的带动下接触板料后，板料开始受压。随着凸模的下降，板料产生弹性压缩并弯曲。凸模继续下降，压入板料，材料的另一面也略挤入凹模刃口内。这时，材料的应力达到了弹性极限，如图3-17a所示。

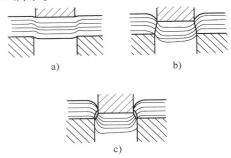

塑性变形阶段是凸模继续下降，对板料的压力增加，使板料内应力加大。当内应力加大到屈服强度时，材料的压缩弯曲变形加剧，凸模、凹模刃口分别继续挤进板料，板料内部开始产生塑性变形。此时，上下模具刃边的应力急剧集中，板料贴近刃边部分产生微小裂纹，板料开始被破坏，塑性变形结束，如图3-17b所示。

随着凸模继续下降，板料上已形成的微小裂纹逐渐扩大，并向材料内部发展，当上下裂纹重合时，材料便被剪裂分离，板料的分离结束，如图3-17c所示。

图 3-17　冲裁分离过程
a）弹性变形阶段　b）塑性变形阶段
c）剪裂分离阶段

（2）冲裁的排样　在实际生产中，冲裁的排样方法可分为有废料排样、少废料排样和无废料排样三种，如图3-18所示。

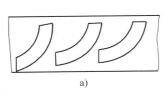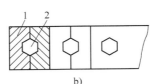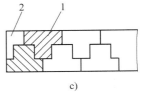

图 3-18　合理排样
a）有废料排样　b）少废料排样　c）无废料排样
1—零件　2—废料

排样时，工件与工件之间或孔与孔间的距离称为搭边。工件或孔与坯料侧边之间的余量，称为边距。在图3-19中，b为搭边，a为边距。搭边和边距的作用，是用来补偿工件在冲压过程中的定位误差的。同时，搭边还可以保持坯料的刚度，便于向前送料。生产中，搭边及边距的大小，对冲压件质量和模具寿命均有影响。搭边及边距若过大，材料的利用率会降低；若搭边和边距太小，在冲压时条料很容易被拉断，并使工件产生毛刺，有时还会使搭边拉入模具间隙中。

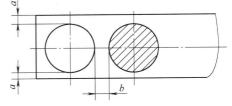

图 3-19　搭边及边距

（3）冲裁模　冲裁是在模具上进行的。图3-20所示为简单冲裁模的结构图。简单冲裁模是在压力机的一次行程下，只能完成一个冲裁工序的冲模。简单冲裁模的特点是：结构简单、制造成本低，但加工精度较差，生产率低。它一般用于生产批量小、精度要求不高，外形较简单的工件。

带导柱冲裁模与简单冲裁模的不同之处为，上、下模的对应位置依靠模具上的导柱、导套来保证，冲裁时，由于导套在导柱上做上下滑动，从而保证了凸凹模间隙均匀，提高了冲裁质量。带导柱冲裁模的特点是：模具安装方便，使用寿命长，但模具制作较复杂。因而它一般用于大批量的冲裁。

复合冲裁模是板料在一个位置上，压力机的一次行程便可同时实现多道工序的冲裁，如内孔和外形同时冲裁。复合冲裁模的特点是：结构紧凑，一模多用，生产率高，冲裁件质量好。但该模具结构比较复杂，模具制作成本高、周期长，一般适用于大批量冲裁件的生产。

5. 锯削

锯削所用的工具是锯弓和台虎钳。锯削可以分为手工锯削和机械锯削。手工锯削常用来切断规格较小的型钢或锯出切口。经手工锯削的零件用锉刀简单修整后可以获得表面整齐、精度较高的切断面。

机械锯削要在锯床上进行，主要用于锯切较粗的圆钢、钢管等，供机械加工车间和锻造车间应用。因此，机械锯削在焊接结构生产中应用不多，由于其切口断面形状不变形而且整齐，所以有时也用来切割小型型钢。

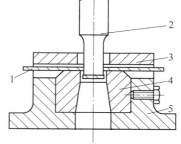

图 3-20　简单冲裁模的结构图
1—板料　2—凸模　3—卸料板
4—凹模　5—下模座

模块三　弯曲与冲压成形

将坯料弯成所需形状的加工方法称为弯曲成形，简称为弯形。弯形根据坯料温度可分为冷弯和热弯；根据弯形的方法分为手工弯形和机械弯形。在焊接结构制造中，80% ~ 90%的金属材料需进行弯曲与成形加工，如压力容器，各种石油塔、罐、球形封头及锅炉的锅筒和管子等。

一、板材的弯曲

通过旋转辊轴使钢板弯曲成形的方法称为滚弯，又称为卷板。滚弯时，钢板置于卷板机的上、下辊轴之间，当上辊轴下降时，钢板便受到弯矩的作用而发生弯曲变形，如图 3-21所示。由于上、下辊轴的转动，通过辊轴与钢板间的摩擦力带动钢板移动，使钢板受压位置连续不断地发生变化，从而形成平滑的曲面，完成滚弯成形工作。

1. 滚弯工艺

钢板滚弯由预弯（也称压头）、对中、滚弯三个步骤组成。

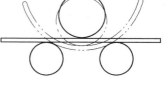

图 3-21　板材滚弯

（1）预弯　卷弯时只有钢板与上辊轴接触的部分才能得到弯曲，所以钢板的两端各有一段长度不能发生弯曲，这段长度称为剩余直边。剩余直边的大小与设备的弯曲形式有关。钢板弯曲时的理论剩余直边值见表3-9。常用的预弯方法如图3-22所示。

1）在压力机上用通用模具进行多次压弯成形，如图3-22a所示。这种方法适用于各种厚度板预弯。

2）在三辊卷板机上用模板预弯，如图 3-22b 所示。这种方法适用于 $\delta \le \delta_0 / 2$、$\delta \le 24mm$，并不超过设备能力的 60% 。

3）在三辊卷板机上用垫板、垫块预弯，如图 3-22c 所示。这种方法适用于 $\delta \le \delta_0 / 2$、δ

≤24mm，并不超过设备能力的 60%。

表 3-9　钢板弯曲时的理论剩余直边值

设 备 类 型		卷 板 机			压力机
弯曲形式		对称弯曲	不对称弯曲		模具压弯
			三辊	四辊	
理论剩余直边值	冷弯	$L/2$	$(1.5 \sim 2)\delta$	$(1 \sim 2)\delta$	1.0δ
	热弯	$L/2$	$(1.3 \sim 1.5)\delta$	$(0.75 \sim 1)\delta$	0.5δ

注：L——卷板机侧辊中心距；δ——钢板厚度。

4）在三辊卷板机上用垫块预弯，如图 3-22d 所示。这种方法适用于较薄的钢板，但操作比较复杂，一般较少采用。

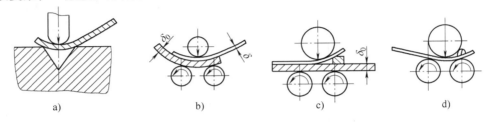

图 3-22　常用的预弯方法

a）通用模具压弯　b）模板滚弯　c）垫板、垫块滚弯　d）垫块滚弯

（2）对中　对中的目的是使工件的素线与辊轴轴线平行，防止产生扭斜，保证滚弯后工件几何形状准确。对中的方法有侧辊对中、专用挡板对中、倾斜进料对中、侧辊开槽对中等，如图 3-23 所示。

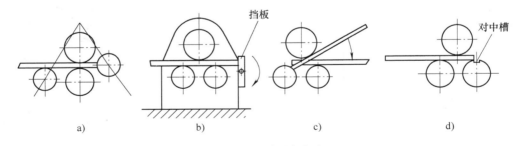

图 3-23　几种对中方法

a）侧辊对中　b）专用挡板对中　c）倾斜进料对中　d）侧辊开槽对中

（3）滚弯　图 3-24 所示为各种卷板机的滚弯过程。

2. 钢板展开长度计算

钢板弯曲时，中性层的位置随弯曲变形的程度而定。当弯曲的内半径 r 与板厚 δ 之比大于 5 时，中性层的位置在板厚中间，中性层与中心层重合（多数弯板属于这种情况）；当弯曲的内半径 r 与板厚 δ 之比小于等于 5 时，中性层的位置向弯板的内侧移动，中性层半径可由经验公式求得，即

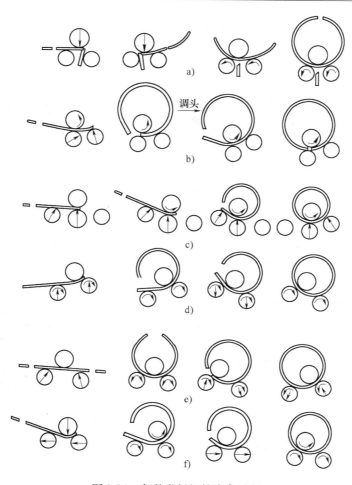

图 3-24　各种卷板机的滚弯过程

a）带弯边垫板的对称三辊卷板机　b）不对称三辊卷板机　c）四辊卷板机
d）偏心三辊卷板机　e）对称下调式三辊卷板机　f）水平下调式三辊卷板机

$$R = r + K\delta$$

式中　R——中性层的曲率半径（mm）；

　　　r——弯板内弧的曲率半径（mm）；

　　　δ——钢板的厚度（mm）；

　　　K——中性层系数，其值见表3-10。

表 3-10　中性层系数 K

$\dfrac{r}{\delta}$	≤0.1	0.2	0.25	0.3	0.4	0.5	0.8	1.0	1.5	2.0	3.0	4.0	5.0	>5
K	0.3	0.33		0.35		0.36	0.38	0.40	0.42	0.44	0.47	0.475	0.48	0.5

例3-1　计算图3-25所示U形板的展开长度。已知 $r = 60\text{mm}$，$\delta = 20\text{mm}$，$l_1 = 200\text{mm}$，$l_2 = 300\text{mm}$，$a = 120°$，求 L。

解　因为 $\dfrac{r}{\delta} = \dfrac{60\text{mm}}{20\text{mm}} = 3$，查表 3-10 得 $K = 0.47$，则

$$L = l_1 + l_2 + \frac{\pi\alpha(r + K\delta)}{180°}$$

$$= 200\text{mm} + 300\text{mm} + \frac{\pi \times 120° \times (60\text{mm} + 0.47 \times 20\text{mm})}{180°}$$

$$\approx 645\text{mm}$$

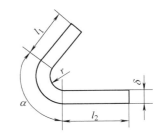

图 3-25　U 形板的展开计算

实际上板料可以弯曲成各种复杂的形状，求展开长度都是先确定中性层，再通过作图和计算，将断面图中的直线和曲线逐段相加得到。

二、型材的弯曲

型材弯曲时，由于重心线与力的作用线不在同一平面上，所以型材除受弯曲力矩外还受扭矩的作用，使型材断面产生畸变，如角钢外弯时夹角增大，内弯时夹角缩小。

此外，由于型材弯曲时，材料的外层受拉应力，内层受压应力，在压应力作用下易出现皱褶变形，在拉应力作用下，易出现翘曲变形。

型钢弯曲时的变形情况如图 3-26 所示。变形程度取决于应力的大小。应力的大小又决定于弯曲半径。弯曲半径越小，则畸变程度越大。为了控制应力与变形，规定了最小弯曲半径，其大小由公式计算决定。

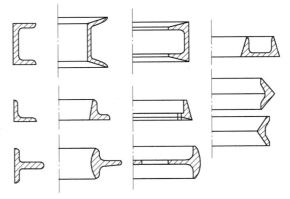

图 3-26　型钢弯曲时的变形情况

1. 手工弯曲

各类型材的手工弯曲方法基本相同，现以角钢为例来说明。角钢分外弯和内弯两种。角钢应在弯曲模上弯曲。由于弯曲变形和弯力较大，除小型角钢用冷弯外，多数采用热弯，加热的温度随材料的成分而定，必须避免温度过高而烧坏。为不使角钢边向上翘起，必须边弯边用锤子锤打角钢的水平边，直至到所需要的角度。

2. 卷弯

型钢的卷弯可在专用的型钢弯曲机上进行。弯曲机的工作原理与弯曲钢板相同，工作部分采用三或四个滚轮。型钢也可在卷板机上弯曲，卷弯角钢时把两根并合在一起并用定位焊固定，弯曲方法与钢板相同。

在卷板机辊筒上可套上辅助套筒进行弯曲，套筒上开有一定形状的槽，便于将需要弯曲的型钢边先嵌在槽内，以防弯曲时产生皱褶。当型钢内弯时，套筒装在上辊上，如图 3-27a 所示；外弯时，套筒装在两个下辊上，如图 3-27b 所示，弯曲的方法与钢板相同。

3. 压弯

在压力机或撑直机上，利用模具进行一次或多次压弯，使型钢成形。在撑直机上压弯时，以逐段进给的方式加以弯曲。由于两支座间有一定的跨距，使型钢的端头不能支承而弯曲，为此可加放一垫板，随同垫板一起压弯，如图 3-28a 所示。如果型钢的尺寸高出顶头

时，也可安放垫板进行压弯，如图 3-28b 所示。

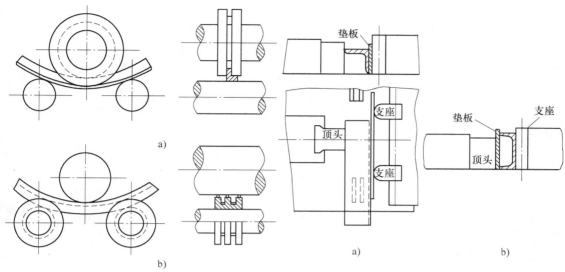

图 3-27 在三辊卷板机上弯曲型钢

a）角钢内弯 b）槽钢外弯

图 3-28 型钢端头的压弯

用模具压弯时，为防止型钢截面的变形，模具上应有与型钢截面相适应的型槽。

4. 拉弯

拉弯工作是在专用的拉弯设备上进行。图 3-29 所示为型钢拉弯机的结构示意图。它由工作台、靠模、夹头和拉力液压缸等组成。拉弯的特点是：精度较高，模具设计时可以不考虑回弹值；一般只要用一个凸模，简化了设备结构；此外，由于型钢不存在压应力，所以不会发生因受压而形成的皱褶。

型钢两端由两夹头夹住，一个夹头固定在工作台上，另一个夹头由拉力液压缸的作用，使钢材产生拉应力，旋转工作台使型钢在拉力作用下沿靠模发生弯曲。

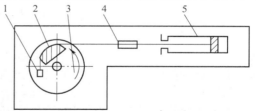

图 3-29 型钢拉弯机的结构示意图

1—夹头 2—靠模 3—工作台
4—型钢 5—拉力油缸

5. 圆钢展开长度计算

圆钢弯曲的中性层一般总是与中心线重合，所以圆钢的展开长度可按中心线计算。

（1）直角形圆钢展开长度计算 如图 3-30a 所示，已知尺寸 A、B、d、R，则展开长度应是直段长度和圆弧段长度之和。展开长度为

$$L = A + B - 2R + \frac{\pi（R + d/2）}{2}$$

式中 L——展开长度（mm）；

A、B——直段长度（mm）；

R——内圆角半径（mm）；

d——圆钢直径（mm）。

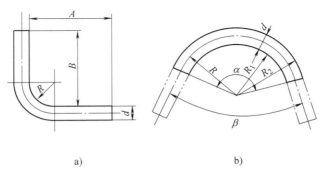

图 3-30　常用圆钢展开长度计算

a）直角形圆钢　b）圆弧形圆钢

例 3-2　在图 3-30a 中，已知 $A = 400\text{mm}$，$B = 300\text{mm}$，$d = 20\text{mm}$，$R = 100\text{mm}$，求它的展开长度。

解　展开长度为

$$L = A + B - 2R + \frac{\pi(R + d/2)}{2}$$

$$L = 400\text{mm} + 300\text{mm} - 2 \times 100\text{mm} + \frac{\pi(100\text{mm} + 10\text{mm})}{2}$$

$$\approx 400\text{mm} + 300\text{mm} - 200\text{mm} + 172.78\text{mm}$$

$$= 672.78\text{mm}$$

（2）圆弧形圆钢展开长度计算　在图 3-30b 中，已知尺寸 R_2、d、β，展开长度为

$$L = \pi R \times \frac{\alpha}{180°}$$

或

$$L = \pi R \times \frac{(180° - \beta)}{180°}$$

$$L = \pi\left(R_1 + \frac{d}{2}\right) \times \frac{\alpha}{180°}$$

$$L = \pi\left(R_2 - \frac{d}{2}\right)(180° - \beta) \times \frac{1}{180°}$$

例 3-3　在图 3-30b 中，已知 $R_2 = 400\text{mm}$，$d = 40\text{mm}$，$\beta = 60°$，求它的展开长度。

解　展开长度为

$$L = \pi(400\text{mm} - 20\text{mm})(180° - 60°) \times \frac{1}{180°} = 795.47\text{mm}$$

6. 角钢展开长度计算

角钢的断面是不对称的，所以中性层的位置不在断面的中心，而是位于角钢根部的重心处，即中性层与重心重合。设中性层离开角钢根部的距离为 z_0，z_0 值与角钢断面尺寸有关，可从有关表格中查得。等边角钢弯曲展开长度计算公式见表 3-11。

例 3-4　已知等边角钢内弯，两直边 $l_1 = 450\text{mm}$，$l_2 = 350\text{mm}$，角钢外弧半径 $R = 120\text{mm}$，弯曲角度 $\alpha = 120°$，等边角钢为 $70\text{mm} \times 70\text{mm} \times 7\text{mm}$，求展开长度 L。

表3-11　等边角钢弯曲展开长度计算

内　弯	外　弯
    $$L = l_1 + l_2 + \frac{\pi\alpha\,(R - z_0)}{180°}$$	 $$L = l_1 + l_2 + \frac{\pi\alpha\,(R + z_0)}{180°}$$

注：l_1、l_2——角钢直边长度（mm）；R——角钢外（内）弧半径（mm）；α——弯曲角度（°）；z_0——角钢重心距（mm）。

解　由有关表格中查得 $z_0 = 19.9\text{mm}$，则

$$L = l_1 + l_2 + \frac{\pi\alpha(R - z_0)}{180°} = 450\text{mm} + 350\text{mm} + \frac{\pi \times 120° \times (120\text{mm} - 19.9\text{mm})}{180°} \approx 1009.5\text{mm}$$

例 3-5　已知等边角钢外弯，两直边 $l_1 = 550\text{mm}$，$l_2 = 450\text{mm}$，角钢内弧半径 $R = 80\text{mm}$，弯曲角度 $\alpha = 150°$，等边角钢为 $63\text{mm} \times 63\text{mm} \times 6\text{mm}$，求展开长度 L。

解　由有关表格中查得 $z_0 = 17.8\text{mm}$，则

$$L = l_1 + l_2 + \frac{\pi\alpha(R + z_0)}{180°} = 550\text{mm} + 450\text{mm} + \frac{\pi \times 150° \times (80\text{mm} + 17.8\text{mm})}{180°} \approx 1255.9\text{mm}$$

三、冲压成形

焊接结构制造过程中，还有许多零件因为形状复杂，要用弯曲成形以外的方法加工。如锅炉用压力容器封头、带有翻边孔的筒体、封头、锥体、翻边的管接头等，这些复杂曲面的成形加工通常在压力机上进行，常用的方法有拉深和旋压成形等工艺。

1. 拉深

拉深是利用凸模把坯料压入凹模，使坯料变成中空形状零件的工序，如图 3-31 所示。

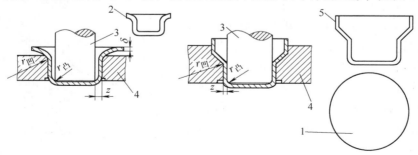

图 3-31　拉深工序图

1—坯料　2—第一次拉深的产品　3—凸模　4—凹模　5—成品

为了防止坯料被拉裂，凸模和凹模边缘均制作成圆角，其半径 $r_凸 \leqslant r_凹 = (5 \sim 15)\delta$；凸

模和凹模之间的间隙 $z = (1.1 \sim 1.2)\delta$；拉深件直径 d 与坯料直径 D 的比例 $d/D = m$（拉深系数），一般 $m = 0.5 \sim 0.8$。拉深系数 m 越小，则坯料被拉入凹模越困难，从底部到边缘过渡部分的应力也越大。如果拉应力超过金属的抗拉强度极限，拉深件底部就会被拉穿，如图 3-32a 所示。对于塑性好的金属材料，m 可取较小值。如果拉深系数过小，不能一次拉制成高度和直径合乎成品要求时，则可进行多次拉深。这种多次拉深操作往往需要进行中间退火处理，以消除前几次拉深变形中所产生的硬化现象，使以后的拉深能顺利进行。在进行多次拉深时，其拉深系数 m 应一次比一次略大。

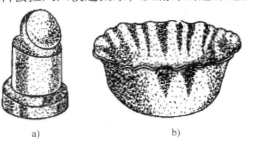

图 3-32　拉深废品
a）拉穿　b）折皱

在拉深过程中，由于坯料边缘在切线方向受到压缩，因而可能产生波浪形，最后形成折皱，如图 3-32b 所示。拉深所用坯料的厚度越小，拉深的深度越大，越容易产生折皱。为了预防折皱的产生，可用压板把坯料压紧，如图 3-33 所示。为了减小由于摩擦使拉深件壁部的拉应力增大并减少模具的磨损，拉深时通常加润滑剂。

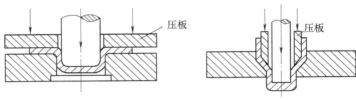

图 3-33　带压板的拉深

图 3-34 所示为锅炉、压力容器常用零件——封头冲压拉深的成形过程。封头冲压成形通常是在 $50 \sim 8000t$ 的水压机或油压机上进行的。冲压拉深时将封头坯料 4 放在下模 5 上并找正对中，然后打开水压机或油压机，使活动横梁 1 向下移动，当压边圈 2 与封头坯料接触后，起动压边缸将坯料边缘按需要压紧；接着冲头（上模）3 向下移动，当冲头与坯料接触时，打开主缸使冲头向下冲压而对坯料进行拉深，如图 3-34b 所示；当坯料完全通过下模后，封头便冲压拉深成形；之后打开提升缸和回程缸，将冲头（上模）和压边圈向上提起，同时用脱模装置（挡块）6 将包在上模上的封头脱下，并将封头从下模支座下取出，冲压拉深过程即告结束。

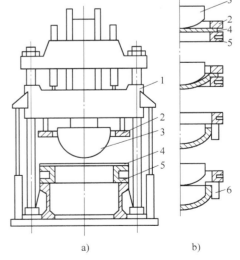

图 3-34　封头冲压拉深的成形过程
1—活动横梁　2—压边圈　3—冲头（上模）
4—坯料　5—下模　6—脱模装置（挡块）

2. 旋压

拉深也可以用旋压法来完成。旋压是在专用的旋压机上进行。图 3-35 所示为旋压工作简图。坯料 3 用尾顶尖 4 上的压块 5 紧紧地压在模胎 2 上。

当主轴 1 旋转时，坯料和模胎一起旋转，操作旋棒 6 对坯料施加压力，同时旋棒又做纵向运动。开始旋棒与坯料是一点接触，由于主轴旋转和旋棒向前运动，坯料在旋棒的压力作用下产生由点到线及由线到面的变形，逐渐地被赶向模胎，直到最后与模胎贴合为止，完成旋压成形。这种方法的优点是不需要复杂的冲模、变形力较小，但生产率较低，故一般用于中小批生产。

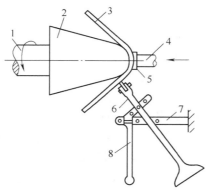

图 3-35 旋压工作简图
1—主轴 2—模胎 3—坯料 4—尾顶尖 5—压块 6—旋棒 7—支架 8—助力臂

【工程应用实例】

工业锅炉卷筒工艺守则

1. 主题内容与适用范围

本守则规定了工业锅炉锅壳（筒）、炉胆等单节筒体卷制的技术要求和操作方法。

本守则适用于工业锅炉锅壳（筒）、炉胆等单节筒体的卷制。

其他类型锅炉锅壳（筒）、炉胆等单节筒体的卷制也可参照本守则执行。

2. 引用标准

GB/T 16508.4—2013《锅壳锅炉 第 4 部分：制造、检验与验收》。

JB/T 3375—2002《锅炉用材料入厂验收规则》。

3. 技术要求

3.1 总则

3.1.1 本守则与产品图样、标准、有关工艺文件及设备安全操作规程同时使用。

3.1.2 本守则适用的材料为碳素钢和普通低合金钢钢板，钢板必须经检查部门按 JB/T 3375 中的规定进行检验，未经检验或检验不合格者，不准投入使用。

3.1.3 本守则适用于设备为三辊卷板机的冷卷工艺。

3.1.4 本守则要求设备操作者必须熟悉设备性能、设备结构、维护保养知识，必须经过有关部门培训考核合格，取得操作合格证，方可上机操作。

3.2 设备及工装

3.2.1 卷板机应在设备精度和卷板能力范围内使用。

3.2.2 工、量、夹具有钢卷尺、钢直尺、手提砂轮机、圆弧样板、校正用夹具及专用纵缝对接装置等。钢卷尺、钢直尺、圆弧样板须定期检定。

3.3 卷制前准备

3.3.1 卷制前操作者应熟悉有关图样、标准和工艺文件。

3.3.2 卷制前操作者应了解《下料工艺守则》中的有关要求，并对钢板坯料进行检查，材质标记应放在外侧。

3.3.2.1 筒体钢板的下料长度尺寸可按下列公式确定，即

$$L = \pi D_P + \delta_1 + \delta_2 + \delta_3 - \delta_4$$

式中 L——筒体钢板下料长度尺寸（mm）；

D_P——筒体的平均直径（mm）；

δ_1——气割加工余量（mm）；

δ_2——机械加工余量（mm）；

δ_3——预弯直段余量（mm）；

δ_4——冷卷伸长量（mm），一般 $2 \sim 5mm$。

注：有预弯直段要求时才考虑 δ_1、δ_2 及 δ_3。一般当钢板厚度 $\delta \geqslant 20mm$ 时，如在卷板机上预弯，每端预弯直段余量不小于 2δ；当 $\delta < 20mm$ 时，可不考虑预弯直段余量。

3.3.2.2 筒体的下料长度尺寸一般应和与之相配的管板或封头冲压成形后的尺寸相适应，以保证筒体和管板或封头环缝对接的质量。

3.3.2.3 板料需要拼接时，拼接焊缝单面加强高度：当拼接焊缝与卷板机的辊轴平行时，应不大于2mm；当拼接焊缝与辊轴垂直时，应不大于1mm，且要求焊缝与钢板圆滑过渡。

3.3.2.4 钢板卷制前，应保证钢板的长、宽尺寸偏差和对角线长度之差，且符合图样或《下料工艺守则》中的有关规定，检验合格后方可转入冷卷工序。

3.3.2.5 被卷钢板以气割作为板料最终加工手段时，必须清除气割毛刺及金属飞溅物，钢板表面及边缘必须光洁、平整，对接口（或坡口）端面及两侧不小于20mm范围内必须清除油污、铁锈、氧化皮等。需再机加工时，修磨清理应在机械加工后进行。

3.3.3 钢板卷制前开动卷板机进行空车运转检查。各转动部分运转正常，方可进行卷制。

3.4 卷制过程

3.4.1 在三辊卷板机上卷制时，钢板两端一般应预弯。预弯如在压力机上进行，应采用专用的预弯模具压制，预弯长度应大于三辊卷板机两个下辊中心距尺寸的二分之一。在预弯长度内，预弯圆弧与检查样板（检查样板曲率半径的公称尺寸宜比图样名义尺寸小0.5～1mm）间隙 $h \leqslant 1.0mm$，如图3-36所示。

3.4.2 预弯时应随时用样板检查预弯圆弧，局部有凸起或凹进的地方，可用钢板条作为衬垫来校正，用卷板机预弯时，可分两次完成：第一次卷弯时，可使圆弧曲率半径约大于要求值的10%；第二次卷弯时应达到要求值。

3.4.3 对于有预弯直段余量的钢板，应在钢板两端预弯后将余量切除。焊接端面及两侧不小于20mm范围内清除油污、铁锈及氧化皮。

3.4.4 被卷钢板应放在辊轴长度方向的中间位置，并对钢板位置进行校正，使钢板对

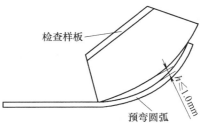

图3-36 预弯圆弧与检查样板间距离

接口边缘与辊轴中心线平行，如图 3-37 所示。

3.4.5　卷制时应使钢板起始卷制段逐渐弯曲卷制至适宜的曲率半径，之后再连续卷制成筒状。

用三辊卷板机卷制时，应多次调整上辊向下移动，使钢板弯曲，卷制成筒体。上辊每下降一次需开动卷板机，使工件在卷板上往返卷一两次。对不同直径的工件，卷板机上辊轴总下降量见表 3-12。

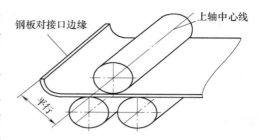

图 3-37　对钢板位置进行校正

表 3-12　卷板机上辊轴总下降量　　　　　（单位：mm）

设备能力	筒 体 内 径						
	800	900	1000	1200	1400	1600	1800
19×2000	31	28	26	22	19	17	15
30×3000	78	72	66	57	49	44	41

注：以上数值未考虑钢板本身的弹性回量。

3.4.6　在每一次调整三辊卷板机上辊轴下移或四辊卷板机两侧辊轴倾斜上移后卷弯时，都需用样板检查钢板圆弧曲率的大小，直至完全符合样板为止。

3.4.7　在卷制过程中，应使钢板两侧边缘与辊轴中心线垂直，应经常进行检查，以防跑偏造成端面错口。

3.4.8　在卷制过程中，应调整卷板机的辊轴使其保持平行，以避免卷制出的筒体出现锥形。

3.4.9　在卷制过程中，钢板必须随卷板机辊轴同时滚动，不应有滑动现象。如出现滑动应立即排除。

3.4.10　筒体卷制成形后，用专用纵缝对接装置将纵缝对接口对平、两端面对齐，对接口间隙应符合图样和工艺文件的要求。

3.4.11　定位焊接完成后，必须由检验人员检验（对筒体对接边缘偏差和端面纵向口进行重点检查），合格后方可转入焊接工序。

3.4.12　应用气割切除引、收弧板及焊接试板（不允许用锤击方法除去），气割部位必须用砂轮修磨平整。

3.4.13　冷卷筒体内外表面的凹陷和疤痕，如果深度为 0.5 ~ 1mm 时，应修磨成圆滑过渡，超过 1mm 时应补焊并修磨。

3.4.14　校圆应在卷板机上进行。校圆时应随时用样板检查，要求圆弧曲率尽量均匀，圆度（$D_{max} - D_{min}$）和棱角度 ΔC 等项目的检查方法和检测器具应符合有关规定。

【职业资格考证训练题】

一、填空题

1. 焊接结构的零件制造一般要经过 _____、_____、_____、_____、_____ 和 _____ 等备料工序。

2. 钢材变形的矫正方法有_____、_____、_____和_____。

3. 划线是根据设计图样上的图形和尺寸，准确地按_____的比例在待下料的零件表面上划出_____的过程。

4. 下料就是用各种方法将毛坯或工件从原材料上_____下来的工序。一般把下料分为_____下料和_____下料。

5. 将坯料_____所需形状的加工方法称为弯曲成形，简称为弯形。弯形根据坯料温度可分为_____和_____。

6. 放样又称为_____或_____，它是依据构件图的要求，用_____比例，按正投影原理，把构件划在样台或平板上的过程。

二、判断题

1. 钢材预处理是对钢板、型钢、管子等材料在划线下料之前进行矫正及清理、表面防护等表面处理工作的总称。　　　　　　　　　　　　　（　　）

2. 把各种立体的零件表面摊平的几何作图过程称为展开放样。　　　（　　）

3. 卷弯时只有钢板与上辊轴接触的部分才能得到弯曲，所以钢板的两端各有一段长度不能发生弯曲，这段长度称为剩余直边。　　　　　　　　（　　）

4. 拉深是利用凸模把坯料压入凹模，使坯料变成中空形状零件的工序。（　　）

5. 落料是指材料沿封闭的轮廓线产生完全的分离，冲裁轮廓线以内的部分为零件，以外的部分为废料。　　　　　　　　　　　　　　　　　（　　）

第四单元　焊接结构的装配工艺

焊接结构的装配工艺是将组成产品的已加工好的零件（或已制成的部件），按图样规定的相互位置加以固定成组件、部件或产品的过程。装配是焊接结构制造中的重要工序，装配质量直接影响焊接质量和产品质量。装配又是一项繁重的工作，约占产品制造总工时的25%～35%。提高装配效率也就提高了焊接生产率。因此焊接生产中必须重视其装配工艺。

模块一　焊接结构的装配条件、定位及测量

一、装配条件

定位、夹紧和测量是装配的三个基本条件。它们是相辅相成的，定位是整个装配工序的关键，夹紧是保证定位的可靠性与准确性，而测量则是为了保证装配的质量。

1. 定位

定位就是确定零件在空间的位置或零件间的相对位置。

图4-1所示为工字梁的装配。两翼板4的相对位置是由腹板3和挡铁5来定位的，端部由挡铁7定位。平台6既是定位基准面，也是结构的支承面。

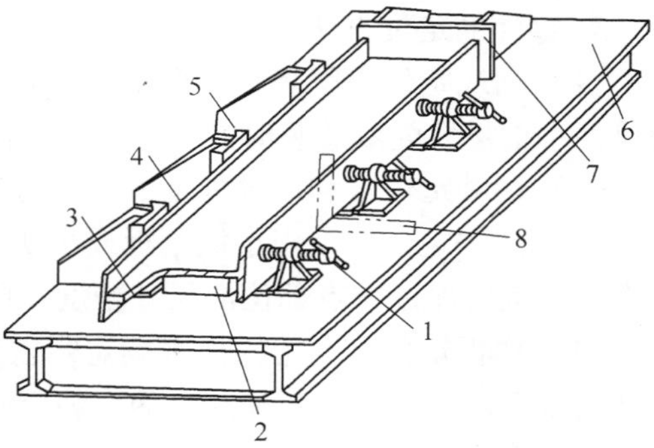

2. 夹紧

夹紧就是借助通用或专用夹具的外力将已定位的零件加以固定的过程。在图4-1中，翼板与腹板定位后是通过调节螺杆1来夹紧。

3. 测量

测量是指在装配过程中，对零件间的相对位置和各部件尺寸进行一系列的技术测量，从而鉴定定位的正确性和夹紧力的效果，以便及时调整。

图4-1　工字梁的装配
1—调节螺杆　2—垫铁　3—腹板　4—翼板
5、7—挡铁　6—平台　8—直角尺

二、定位原理及零件的定位

1. 定位原理

零件在空间的定位是利用六点法则进行的，即限制每个零件在空间的六个自由度，使零件在空间有确定的位置，这些限制自由度的点就是定位点。在实际装配中，常用定位销、定位块及挡铁等定位元件作为定位点，也可利用装配平台或焊件表面上的平面、边棱作为定位点等。

2. 定位基准及其选择

（1）定位基准 在结构装配过程中，用来确定零件或部件在结构中的位置的点、线、面称为定位基准。

如图4-2所示，容器是以轴线和组装面 M 为定位基准。装配接口 Ⅰ、Ⅱ、Ⅲ 在筒体上的相对高度是以 M 面为定位基准而确定的；各接口的横向定位则以筒体轴线为定位基准。

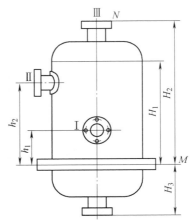

（2）定位基准的选择 合理选择定位基准对于保证装配质量、安排零部件装配顺序和提高装配效率均有重要影响。定位基准的选择应遵循以下几个原则。

1）装配定位基准尽量与设计基准重合，这样可以减少因基准不重合所带来的误差。

2）同一构件上与其他构件有连接或配合关系的各个零件，应尽量采用同一定位基准，这样才能保证构件安装时与其他构件的正确连接或配合。

图4-2 容器上各接口的相对位置

3）应选择精度较高、又不易变形的零件表面或边棱作为定位基准，这样能避免由于基准面、线的变形造成的定位误差。

4）所选择的定位基准应便于装配中的零件定位与测量。

3. 零件的定位方法

（1）划线定位 就是在平台上或零件上划线，按线装配零件。划线定位通常用于简单的单件小批量装配或总装时的部分较小零件的装配。

（2）销轴定位 利用零件上的孔进行定位。这是由于孔和销轴精度较高，定位较准确。

（3）挡铁定位 利用小块钢板或小块型钢作为挡铁定位。该法取材方便，应用较广泛。挡铁的安置要保证重点部位的尺寸精度，同时又要考虑便于零件装拆。

（4）样板定位 利用样板来确定零件的位置、角度等的定位方法，常用于钢板之间的角度测量定位和容器上各种管口的安装定位。

4. 定位器

定位器是保证焊件在夹具中获得正确装配定位的零件或部件。这些零件和部件又称为定位元件和定位机构。

定位器的结构主要有挡铁、支承钉、定位销、V形铁、定位样板等。挡铁和支承钉用于平面的定位；定位销用于焊件依孔的定位；V形铁用于圆柱体、圆锥体焊件的定位；定位样板用于焊件与已定位的焊件之间的给定定位。定位器可制作成拆卸式的、进退式的和翻转式的，其结构如图4-3所示。

对定位器的技术要求是耐磨度、刚度、制造精度和安装精度。在安装基准面上的定位器主要承受焊件的重力，与焊件接触的部位易磨损，要有足够的硬度。

三、装配中的测量

测量是检验定位质量的一个工序。装配中的测量包括合理地选择测量基准以及准确地完成零件定位所需要的测量项目。在焊接结构制造中常用的测量项目有线性尺寸、平行度、垂

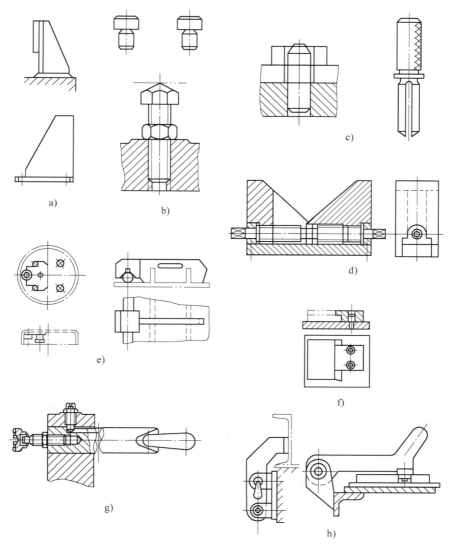

图 4-3　定位器

a）挡铁　b）支承钉　c）定位销　d）V形铁　e）定位样板　f）拆卸式　g）进退式　h）翻转式

直度、同轴度及角度等。

1. 测量基准

在测量中，为衡量被测点、线、面的尺寸和位置精度而选作依据的点、线、面称为测量基准。一般情况下，多以定位基准作为测量基准。

例如：图 4-2 所示容器接口 Ⅰ、Ⅱ、Ⅲ 都是以 M 面为测量基准，来测量尺寸 h_1、h_2 和 H_1，这样接口的设计基准、定位基准、测量基准三者合一，可以有效地减小误差。

当以定位基准作为测量基准不利于保证测量的精度或不便于测量操作时，就应本着能使测量准确、操作方便的原则，重新选择合适的点、线、面作为测量基准。例如：图 4-1 所示工字梁，其腹板平面是腹板与翼板垂直定位的基准，但以此平面作为测量基准去测量腹板与翼板垂直度，不是很方便，也难以保证测量精度，这是若以装配平台作为测量基准，用直角尺测量翼板与平台的垂直度，就很好地解决了这一问题。

2. 各种项目的测量

（1）线性尺寸的测量　线性尺寸是指焊件上被测点、线、面与测量基准间的距离。线性尺寸的测量常用各种刻度尺（卷尺、盘尺、直尺）来完成。

（2）平行度的测量

1）相对平行度的测量。相对平行度是指焊件上被测的线（或面）相对于测量基准线（或面）的平行度。相对平行度的测量是测量焊件上线的两点（或面上的三点）到基准的距离，若相等就平行，否则就不平行。

图 4-4 所示为测量角钢和面的相对平行度。

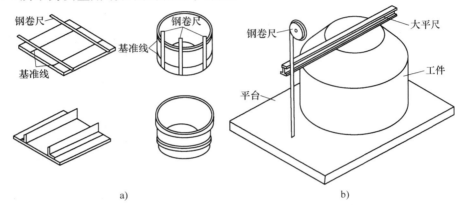

图 4-4　测量角钢和面的相对平行度
a）测量角钢间的相对平行度　b）用大平尺测量面的相对平行度

2）水平度的测量。水平度就是衡量零件上被测的线（或面）是否处于水平位置。许多金属结构制品，在使用中要求有良好的水平度。施工装配中常用水平尺、软管水平仪、水准仪、经纬仪等量具或仪器来测量零件的水平度。

水平尺是测量水平度的最常用量具。测量时将水平尺放在焊件的被测表面上，查看水平尺玻璃管内气泡的位置，如管内气泡处于中间，则说明被测表面处于水平。

软管水平仪是用一根较长的橡胶管两端各连一根玻璃管构成，管内注入液体，但不得留有空气。测量时，将橡胶管放在被测表面上，观察两玻璃管内的液体水平面高度是否一致即可，如图 4-5 所示。

水准仪是由望远镜、水准器和基座组成。图 4-6 所示为用水准仪测量球罐柱脚水平的实例。测量时，先在球罐柱脚预先标出基准点，如果水准仪测出各基准点的数值相同，则表示各柱脚处于同一水平面；否则，应根据水准仪测出的误差值对柱脚高低进行调整。

（3）垂直度的测量

1）相对垂直度的测量。相对垂直度是

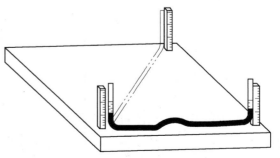

图 4-5　软管水平仪测量水平度

指焊件上被测的直线（或面）相对于测量基准线（或面）的垂直程度。尺寸较小的工件可以利用直角尺直接测量；工件尺寸较大时，可以采用辅助线测量法，即用刻度尺作为辅助线测量直角三角形的斜边长。

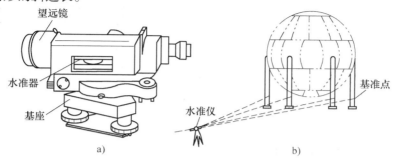

图 4-6　用水准仪测量球罐柱脚水平的实例
a）水准仪结构　b）测量方法

2）铅垂度的测量。铅垂度的测量是测定焊件上线或面是否与水平面垂直。常用吊线锤或经纬仪测量。使用吊线锤时，将线锤吊线拴在支杆（临时焊上的小钢板或利用其他零件）上，通过测量焊件被测线或面与吊线之间的距离来测量铅垂度。

当结构尺寸较大或铅垂度要求较高时，可用经纬仪来测量铅垂度。图 4-7 所示为用经纬仪测球罐柱脚的铅垂度。测量时，将经纬仪先后安放在柱脚的纵、横轴线上，将目镜十字线纵线分别对准柱脚中心线，若十字线纵线与柱脚中心线重合，则说明球罐柱脚处于铅垂状态。

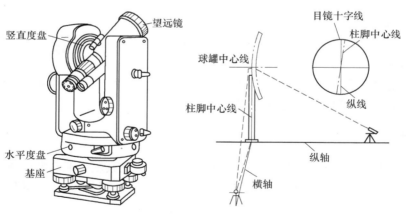

图 4-7　用经纬仪测球罐柱脚的铅垂度

（4）同轴度的测量　同轴度是指焊件上具有同一轴线的几个零件装配时其轴线的重合程度。图 4-8a 所示为在圆筒内拉钢丝测量同轴度的方法。测量时，先在各圆筒端面安上临时支承（中心钻直径 20 ~ 30mm 测量孔），然后由外端面拉一细钢丝，使其从各测量孔中通过，观察钢丝是否处于孔中间，以测量其同轴度。

（5）角度的测量　装配中通常利用各种角度样板来测量零件间的角度。图 4-8b 所示为利用角度样板测量角度的方法。

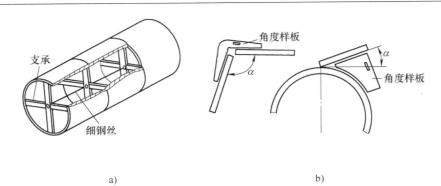

图 4-8　同轴度和角度的测量

a）在圆筒内拉钢丝测量同轴度的方法　b）利用角度样板测量角度的方法

小　提　示

装配测量除上述常用项目外，还有斜度、挠度、平面度等一些测量项目。需要注意的是，在使用中要注意量具的精度和可靠性，保管时要注意保护其不受损坏并定期检验其精度。

模块二　装配常用工具与设备

一、装配工具及量具

1. 装配工具

常用的装配工具有大锤、小锤、錾子、手动砂轮、撬杠、扳手及各种划线用的工具等。

2. 装配量具

常用的装配量具有钢卷尺、钢直尺、水平尺、直角尺、线锤及各种检验零件定位情况的样板等。图 4-9 所示为常用的装配工具及量具。

二、装配夹具

装配夹具是指在装配过程中，用来对焊件施加外力，使其获得准确定位的工艺装备。装配夹具按用途可分为通用夹具和装配胎架上的专用夹具；按夹紧力来源又可分为手动夹具和非手动夹具。手动夹具包括楔形夹具、螺旋夹具、杠杆夹具、偏心夹具等。非手动夹具包括气动夹具、液压夹具、磁力夹具等。这部分内容将在第七单元详细介绍。图 4-10 所示为楔形夹具的使用实例。图 4-11 所示为螺旋夹具。图 4-12 所示为常见的几种简易杠杆夹具。

三、装配设备

1. 对装配设备的要求

装配设备有平台、胎架等。对装配设备的要求如下。

1）平台或胎架应具备足够的强度和刚度。

2）平台或胎架表面应光滑平整，要求水平放置。

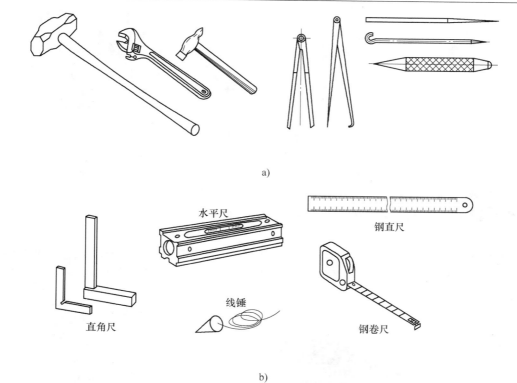

a)

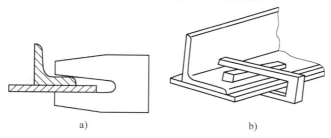

水平尺

钢直尺

直角尺　　　线锤　　　钢卷尺

b)

图 4-9　常用的装配工具及量具

a）常用的装配工具　b）常用的装配量具

a)　　　　　　　b)

图 4-10　楔形夹具的使用实例

图 4-11　螺旋夹具

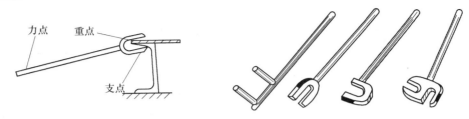

图 4-12　常见的几种简易杠杆夹具

3）尺寸较大的装配胎架应安置在相当坚固的基础上。

4）胎架应便于对工件进行装、卸、定位焊等装配操作。

5）设备构造简单，使用方便，成本较低。

2. 平台

1）铸铁平台　铸铁平台是由许多块铸铁组成。它结构坚固，其表面进行了机械加工，平面度较高，并且面上有许多孔以便于安装夹具。铸铁平台常用于装配。图 4-13 所示为铸铁平台及应用。

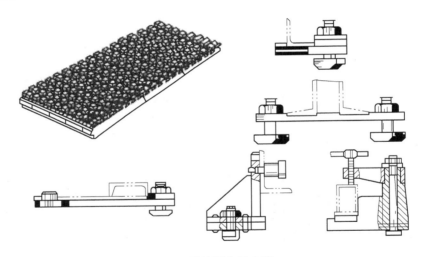

图 4-13　铸铁平台及应用

2）钢结构平台　钢结构平台是由型钢和厚钢板焊制而成。上表面一般不经过切削加工，平面度较差，常用于制作大型焊接结构或制作桁架结构。

3）导轨平台　导轨平台是由安装在水泥基础上的许多导轨组成，导轨表面均经过切削加工，并有紧固焊件用的螺栓沟槽，常用于制作大型结构件。图 4-14 所示为导轨平台。

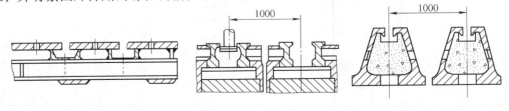

图 4-14　导轨平台

4）水泥平台　水泥平台是由水泥浇注而成的一种简易而又适用于大面积工作的平台。它可以用于拼接钢板、框架和构件，又可以在上面安装胎架进行较大部件的装配。

5）电磁平台　电磁平台是由平台（用型钢或钢板焊成）和电磁铁组成。电磁铁能将型钢吸紧固定在平台上。

3. 胎架

在焊接结构件不适用以装配平台作为支承或者在批量生产时，就需要制造胎架来支承工件进行装配。胎架是常用的装配用设备。它能利用夹具对各个零件方便而准确定位，常用于结构复杂、精度要求较高的结构件装配。制作胎架时应注意以下几点。

1）胎架工作面的形状应与工件被支承部位的形状相适应。

2）胎架结构应便于在装配中对焊件进行装、卸、定位、夹紧和焊接等操作。

3）胎架上应划出中心线、位置线和检查线等。

4）胎架上的夹具应尽量采用快速夹紧装置，并有适当的夹紧力。

5）胎架必须有足够的强度和刚度。

图 4-15 所示为双臂角杠杆的装配胎架。双臂角杠杆由三个轴套和两个臂杠组成。装配方法是先将三个轴套用定位销 1 和 3 定位（其中定位销 3 为固定式，1 为活动式），然后再将双臂放在定位挡块 2 上。三个轴套的角度及圆心距由胎架上的定位销孔保证，双臂的水平高度和中心线位置及角度由挡块及轴套外形保证。全部装配都用定位器定位完成，因此装配质量可靠，生产效率高。

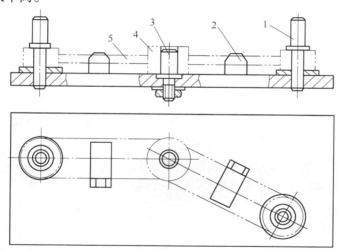

图 4-15　双臂角杠杆的装配胎架
1、3—定位销　2—定位挡块　4—轴套　5—臂杆

模块三　焊接结构的装配方法

一、装配的工艺方法

1. 装配前的准备

（1）熟悉产品图样和工艺规程

（2）选择装配现场和装配设备

（3）做好工量具的准备

（4）零、部件的预检和除锈

（5）将产品适当划分为若干部件

2. 零件的装配方法

装配方法按定位方式不同分为划线定位装配法、工装定位装配法；按装配地点不同可分为固定式装配法、移动式装配法。

（1）划线定位装配法　利用在零件表面或装配平台表面划出焊件的中心线、接合线、轮廓线等作为定位线，来确定零件间的相互位置，以定位焊固定进行装配。

图4-16a 中先以划在底板上的中心线和接合线作为定位线，然后确定槽钢、立板和三角形加强肋的位置来进行装配。图4-16b 中是利用大圆筒盖板上的中心线和小圆筒上的等分线（也常称为中心线）来确定两者的相对位置。

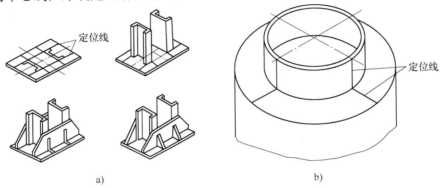

a)　　　　　　　　　　　　　　　　b)

图 4-16　划线定位装配法

（2）工装定位装配法　工装定位装配法分为样板定位装配法、定位元件定位装配法和胎夹具（胎架）装配法。

1）样板定位装配法。利用样板来确定零件的位置、角度等，然后夹紧经定位焊完成装配的方法，如图4-17 所示。

2）定位元件定位装配法。用一些特定的定位元件（如板块、角钢、销轴等）构成空间定位点来确定零件位置，并用装配夹具夹紧进行装配。该法不需要划线，装配效率高、质量好，适用于批量生产。

图4-18 所示为大圆筒加装钢带圈时，用挡铁作为定位元件的装配示意图，即在圆筒外表面焊上若干挡铁作为定位元件，来确定钢带圈在圆筒上的高度。

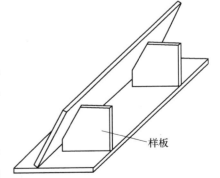

图 4-17　样板定位装配法

3）胎夹具（胎架）装配法。对于批量生产的焊接结构，若需装配的零件数量较多，内部结构又不很复杂时，可将各定位元件、夹紧元件等组合为一个整体，构成装配胎架来进行装配。

（3）固定式装配法　在一处固定的工作位置上装配完全部零、部件。此法一般用于重型焊接结构产品和产量不大的情况下的装配中。

（4）移动式装配法　焊件顺着一定的工作地点（设有装配胎位和相应的工人）按工序流程进行装配。此法应用较广。

3. 装配中的定位焊

定位焊是用来固定各焊接零件之间的相互位置，以保证整体结构得到正确的几何形状和尺寸。定位焊焊缝一般比较短，而且该焊缝作为正式焊缝留在焊接结构之中，因此所使用的焊条或焊丝应与正式焊缝所使用的焊条或焊丝牌号和质量相同。进行定位焊应注意以下问题。

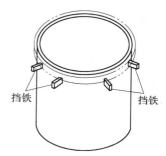

图 4-18　挡铁定位
装配示意图

1）应选用直径小于 4mm 的焊条或直径小于 1.2mm 的焊丝（CO_2 气体保护焊）。

2）定位焊有缺陷时应该铲掉并重新焊接，不允许留在焊缝内。

3）定位焊焊缝的引弧和熄弧处应圆滑过渡。

4）定位焊时，焊件温度较低，热量不足，易产生未焊透、气孔等缺陷，故其焊接电流应比正式焊大 10% ~ 15%。

5）定位焊焊缝尺寸应根据板厚选取，见表 4-1。

表 4-1　定位焊焊缝尺寸　　　　　　　　　　（单位：mm）

焊件厚度	定位焊焊缝高	定位焊焊缝宽	定位焊间距
≤4	<4	5 ~ 10	50 ~ 100
4 ~ 12	3 ~ 6	10 ~ 20	100 ~ 200
>12	6	15 ~ 20	100 ~ 300

二、装配工艺的制订及典型结构件的装配

1. 装配工艺的制订

（1）装配工艺的内容　装配工艺的内容包括零件、组件、部件的装配次序，在各装配工序上采用的装配方法，选用何种提高装配质量和生产率的装备、胎夹具和工具等。

（2）装配工艺方法的选择

1）互换法。该方法是用控制零件的加工误差来保证装配精度。零件是完全可以互换的，要求零件的加工精度较高，适用于成批及大批量生产。

2）选法。它是在零件加工时为降低成本而放宽零件加工的公差带，故零件精度不是很高。装配时需挑选合适的零件进行装配，增加了装配工时和难度。但放宽了零件的加工精度，便于零件的加工。

3）修配法。零件预留修配余量，在装配过程中修去部分多余的材料，使装配精度满足技术要求。一般单件、小批量生产或重型焊接结构生产常采用修配法。

（3）装配顺序的制订　在焊接制造中，往往装配与焊接是交替进行的，因此装配顺序的制订实际上是装配-焊接顺序的确定。所以在确定装配顺序时，不能单纯孤立地只从装配工艺的角度去考虑，必须与焊接工艺一起全面分析。装配-焊接顺序主要有以下三种

类型。

1）整装整焊。将全部零件按图样要求装配起来，然后转入焊接工序，将全部焊缝焊完。装配工人和焊接工人各自在自己的工位上完成，可实现流水作业，停工损失很小。装配可采用装配胎夹具进行。该方法适用于结构简单、大批量生产的条件。

2）随装随焊。先将若干个零件组装起来，随之焊接相应的焊缝，然后再装配若干个零件，再进行焊接，直至全部零件装完并焊完，成为符合要求的构件。此方法仅适用于单件小批量产品和复杂构件的生产。

3）部件组装焊接。将结构分解成若干个部件，先由零件装配焊接成部件，然后再由部件装配焊接成结构件。此方法适合批量生产，可实现流水作业。

部件组装焊接有以下几方面的优点。

①提高装配焊接工作的质量，改善工人的劳动条件。把整体的结构划分成若干个部件以后，它们就变得重量较轻、尺寸较小、形状简单，因而便于操作。同时把一些需要全位置操作的工序改变为在正常位置的操作，焊缝处于容易焊接的位置，从而减少立焊、仰焊、横焊，并且将角焊缝变为船形位置。

②容易控制和减少焊接应力和焊接变形。焊接应力和焊接变形与焊缝在结构中所处的位置及数量有着密切的关系，在划分部件时，要充分考虑到将部件的焊接应力和焊接变形控制到最小。一般都将总装配时的焊接量减少到最小，以减少可能引起的焊接变形。另外，在部件生产时，可以比较容易地采用胎夹具或其他措施来防止变形，即使已经产生了较大的变形，也比较容易修整和矫正。

③可以缩短产品的生产周期。生产组织中各部件分块同步生产，避免了工种之间的相互影响和等候，生产周期可大大缩短，对于提高工厂的经济效益十分有利。

④可以提高生产设备和场地的利用率，减少和简化总装时所用的胎位数。

⑤在批量生产时可广泛采用专用的胎夹具，划分部件以后可以大大地简化胎夹具的复杂程度，降低生产成本。另外，工人有专门的分工，熟练程度高，生产率高。

（4）装配工艺文件　把已经设计或制订的装配工艺内容写成指导工人操作和用于生产、工艺管理等的各种技术文件，就是装配工艺文件。装配工艺文件的种类和形式多种多样，繁简程度也有很大差别。焊接生产常用的装配工艺文件主要有装配工艺过程卡和装配工艺守则等。

装配工艺过程卡是描述产品整个装配工艺过程全貌的一种工艺文件，是进行技术准备、编制生产计划和组织生产的依据。通过装配工艺过程卡可了解产品装配所需的车间、装配设备、工艺流程及操作者和检验员等。表4-2列出了常见的装配工艺过程卡格式。

2. 典型结构件的装配

（1）T形梁的装配　T形梁是由腹板（立板）和翼板（水平板）组合而成的焊接结构，可采用如下三种装配方法。

1）划线定位装配法。先将腹板（立板）和翼板（水平板）矫直、矫平，然后在翼板上划出腹板位置线，并打上样冲眼。将腹板按位置线立在翼板上，并用直角尺校对两板的相对垂直度，然后进行定位焊。定位焊后经检验校正后，方可焊接。T形梁的划线定位装配法，如图4-19所示。

表 4-2　常见的装配工艺过程卡格式

装配工艺过程卡		产品型号		零件图号			共　页	
		产品名称		零件名称			第　页	
工序号	工序名称	工序内容	装配部门	设备及工艺装备	辅助材料			工时定额/min
(1)	(2)	(3)	(4)	(5)	(6)			(7)
						设计(日期)	审核(日期)	标准化(日期)	会签(日期)
描图								
描校								
底图号								
装订号		标记	处数	更改文件号	签字	日期	标记	处数	更改文件号	签字	日期

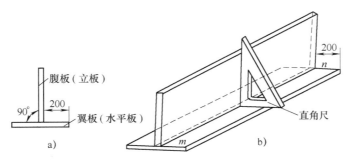

图 4-19　T 形梁的划线定位装配法

2）样板定位装配法。在批量生产时，划线定位装配法效率太低，这时可采用样板定位装配法。预先按腹板（立板）和翼板（水平板）的相互位置做出两个或几个样板，如图 4-20a 所示。然后用斜楔把它固定在翼板（水平板）上，装配时务必使翼板（水平板）边沿与样板上的 BC 面紧贴，腹板（立板）的侧面与样板 DE 面靠紧，如图 4-20b 所示，定位焊后完成装配。但该法只适用小批量、小尺寸 T 形梁装配。

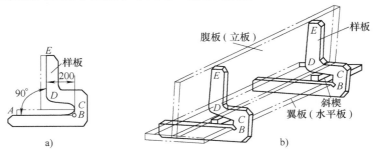

图 4-20　T 形梁的样板定位装配法

3）胎夹具装配法。大批生产 T 形梁时宜利用胎夹具进行装配的方法。例如：大批生产 T 形梁时，可采用图 4-21 所示的简单胎夹具进行装配。装配时，不用划线，将腹板（立板）立在翼板（水平板）上，务必使它们的板边或侧面与相应挡铁靠紧，然后以螺旋夹具对工件夹紧，就可进行定位焊定位。该胎夹具除挡铁 3 外，其余都与螺旋夹具连为一体；螺旋夹具通过拔出销子实现退出；挡铁 1 和挡铁 2 工作面要在一个平面上，挡铁 4、挡铁 5 和挡铁 6 的工作面也要在一个平面上，这两个面的距离正好是 T 形梁腹板（立板）与翼板（水平板）的相对位置（200mm）。

（2）箱形梁的装配　箱形梁一般由翼板、腹板、肋板组合焊接而成，可采用下列装配法。

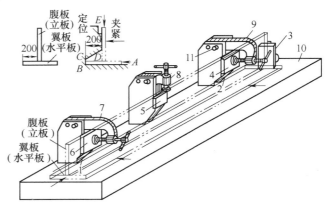

图 4-21　T 形梁的胎夹具装配法
1~6—挡铁　7~9—螺旋夹具　10—支承平台　11—销子

1）划线定位装配法。图 4-22 所示为箱形梁的划线定位装配法。装配前先把翼板、腹板分别矫平、矫直，板料长度不够时，先进行拼接。然后在装配平台上进行划线装配。

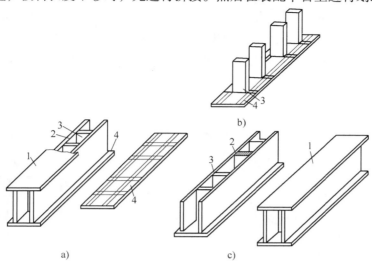

图 4-22　箱形梁的划线定位装配法
1、4—翼板　2—腹板　3—肋板

2）胎夹具装配法。批量生产箱形梁可以利用胎夹具进行装配，以提高装配质量和装配效率。

（3）筒节的对接装配　筒节的对接装配，其要求是保证对接环缝和两圆筒节的同轴度误差符合技术要求。装配前对两圆筒节进行矫圆。对于大直径薄壁圆筒体的装配，为防止圆筒体变形，可以在筒体内使用径向推撑器，如图 4-23 所示。

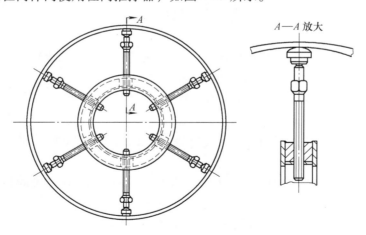

图 4-23　径向推撑器撑圆筒体

1）筒体的卧装。它主要用于直径较小、长度较长的筒体装配，装配时需借助装配胎架。图 4-24a、b 所示为筒体在滚轮架和辊筒架上的装配。直径很小时也可以在槽钢或型钢架上进行，如图 4-24c 所示。

2）筒体的立装。筒体的立装，也称为竖装，适用于直径较大和长度较短的筒节拼装。因为这样可防止卧装时因自重而产生椭圆形变形。

图4-25所示为筒体的立装方法。装配时，先将筒节放在平台（或水平基础）上，并找好水平，并在靠近上口处焊上若干个螺旋压马；然后将另一筒节吊上，用螺旋压马和焊在两筒节上的若干个螺旋拉紧器拉紧并矫正其同轴度，调整合格后进行定位焊。

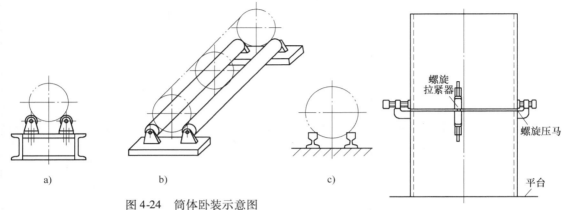

图4-24　筒体卧装示意图
a）滚轮架上装配　b）辊筒架上装配　c）型钢架上装配

图4-25　筒体的立装方法

【工程应用实例】

锅炉总装工艺守则

1. 主题内容与适用范围

本守则规定了工业锅炉本体总装的技术要求和操作方法。

本守则适用于工业锅炉本体总装的质量控制。

其他类型锅炉本体的总装也可参照本守则执行。

2. 引用标准

GB/T 16508.4—2013《锅壳锅炉　第4部分：制造、检验与验收》。

NB/T 47018—2011《承压设备用焊接材料订货技术条件》。

TSG G0001—2012《锅炉安全技术监察规程》。

3. 技术要求

3.1　锅炉本体总装用的焊接材料及焊接工作应符合 GB/T 16508.4—2013 和 NB/T 47018—2011 的规定。

3.2　各元件在对接时纵向焊缝应互相错开，且两焊缝中心线间的弧长不得小于100mm。

3.3　在受压部件焊缝上及其热影响区内应避免焊接零件。

3.4　焊接管孔应尽量避免开在焊缝上，并避免管孔焊缝与相邻焊缝热影响区互相重合，如不能避免时，须同时满足以下两个条件，方可在焊缝上或热影响区内开孔。

3.4.1　管孔中心四周 1.5 倍管孔直径（若管孔直径小于 60mm 时，则取 $60 + 0.5d$）范围内的焊缝经射线探伤合格，且孔边不应有缺陷。

3.4.2　管接头焊后经热处理或局部处理消除应力。

3.5 当烟气温度大于800℃时，烟管和管板采用焊接连接必须进行预热，以消除管端和管孔壁的间隙。管端伸出管板的长度应符合下列规定。

3.5.1 管端受高温辐射热时，管端伸出管板的长度不得超出其连接的焊缝。

3.5.2 管端不受高温辐射热时，管端伸出管板的长度不得超出其连接的焊缝5mm。

3.6 人孔、手孔及人孔盖和手孔盖的密封面，其表面粗糙度值 Ra 不低于 $12.5\mu m$，允许有轻微的环向刻痕，不得有径向刻痕。

3.7 各配合元件的对接偏差应符合 GB/T 16508.4—2013 的规定。

本体总装后，其管板平面度不超过表4-3中的规定。

表4-3 管板平面度 （单位：mm）

公称内径 D_n	<1000	1000~1500	1500~1800	1800~2200	>2200
管板平面度	6	7	8	9	10

3.8 法兰允许偏差

3.8.1 锅壳上法兰平面倾斜度 $\Delta h \leq 2mm$。法兰螺栓孔中心位置的偏移 Δb，当法兰外径 $\leq 100mm$ 时，$\Delta b \leq 1mm$；当 $100mm <$ 法兰外径 $\leq 200mm$ 时，$\Delta b \leq 2mm$；当法兰外径 $> 200mm$ 时，$\Delta b \leq 3mm$（图4-26）。法兰高度的偏差 $\Delta H \leq 2mm$（图4-26）。

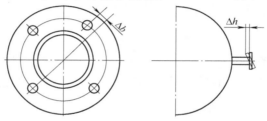

图4-26 法兰螺栓孔中心位置的偏移和法兰高度的偏差

3.8.2 水位表法兰偏差：$\Delta a \leq 3mm$；$\Delta b \leq 2mm$；$\Delta c \leq 2mm$；$\Delta d \leq 1.5mm$（图4-27）。

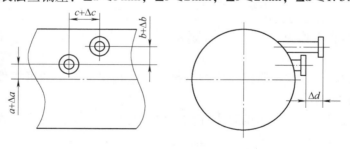

图4-27 水位表法兰偏差

3.9 锅壳上管接头垂直度（倾斜）$\Delta a \leq 1.5mm$。

3.10 锅炉本体总装后，锅壳每米长度内的直线度应 $\leq 1.5mm$，全长内 $\leq 7mm$。

3.11 锅炉本体总长 L 的偏差绝对值 $\leq 15mm$。

3.12 在锅炉总装过程中应及时将内部清理干净。

3.13 锅炉本体总装后，锅壳表面的凹陷，当其深度在 $0.5 \sim 1mm$ 时，应圆滑过渡，超过1mm时，应补焊磨平，对于凸出高度超过1mm时，应修磨。

3.13.1　筒节与封头的对接以及筒节间的对接按 GB/T 16508.4—2013 要求进行。

3.13.2　筒节与封头以及筒节间的装配，环向边缘按《锅炉安全技术监察规程》的要求对准，对接间隙应小于 4mm，允许对接偏差为 $\Delta\delta \leqslant 1mm$。

3.13.3　相互配合部分的尺寸复验如符合标准，可采用选配法装配。壁厚≤12mm 时，两者弧长差≤8mm；壁厚 >12mm 时，两者的弧长差≤12mm。

3.13.4　不得采用强力装配。

3.14　焊接的基本要求

3.14.1　按焊缝技术条件及 GB/T 16508.4—2013 和 NB/T 47014—2011 的要求制订的焊接工艺规程。

3.14.2　施焊工人应是按 TSG Z6002—2010《特种设备焊接人员考核细则》考试合格的持证焊工，其合格证应在有效期内并具有施焊所需的合格项目。焊工应按有关焊接工艺文件施焊。

3.14.3　焊接坡口应尽量采用机加工，如条件不具备，可采用热切割，且应除去所有的有害缺陷。

3.14.4　装配间隙中的焊接不得镶嵌金属和焊条类物质。

【职业资格考证训练题】

一、填空题

1. 装配的三个基本条件是_____、_____和_____。

2. 焊接结构制造中常见的测量项目有_____、_____、_____、_____和_____。

3. 装配-焊接顺序主要有_____、_____和_____三种类型。

4. 装配工艺方法有_____、_____和_____。

5. 零件的装配方法按定位方式不同分为_____、_____；按装配地点不同可分为_____、_____。

6. 筒体的立装，也称为_____，适用于_____和_____的筒节拼装。

二、判断题

1. 在装配中，定位是整个装配工序的关键，夹紧是保证定位的可靠性与准确性，而测量则是为了保证装配的质量。　　　　　　　　　　　　　　　　　　　　（　　）

2. 在结构装配过程中，用来确定零件或部件在结构中的位置的点、线、面称为定位基准。　　　　　　　　　　　　　　　　　　　　　　　　　　　　　　　（　　）

3. 相对平行度的测量是测量焊件上线的两点（或面上的三点）到基准的距离，若相等就平行，否则就不平行。　　　　　　　　　　　　　　　　　　　　　　　（　　）

4. 定位焊的焊接电流应比正式焊大 10% ~ 15%。　　　　　　　　　　　　（　　）

5. 筒体的卧装，主要用于直径较小、长度较长的筒体装配，装配时需借助装配胎架。　　　　　　　　　　　　　　　　　　　　　　　　　　　　　　　　　（　　）

6. 装配夹具是指在装配过程中，用来对焊件施加外力，使其获得准确定位的工艺装备。　　　　　　　　　　　　　　　　　　　　　　　　　　　　　　　（　　）

第五单元　焊接结构的焊接工艺

焊接工艺是焊接结构制造的主导工艺，其是否合理是保证焊接质量的关键。本单元主要介绍焊接结构的焊接工艺性、焊接工艺的制订原则、焊接工艺文件内容及焊接工艺评定目的和评定程序等知识。

模块一　焊接结构的焊接工艺性

一、焊接结构的焊接工艺性分析

焊接结构的焊接工艺性，是指设计的焊接结构在具体的生产条件下（一定焊接方法、焊接工艺）能否以优的质量、高的效率、低的消耗、少的成本焊接制造出来的可行性。为了提高设计产品结构的工艺性，工厂应对所有新设计的产品和改进设计的产品以及外来产品图样，在首次生产前进行结构焊接工艺性分析。

焊接结构的焊接工艺性分析要多比较，以便确定最佳方案。图 5-1a 所示的带双孔叉的连杆结构形式，装配和焊接不方便。图 5-1b 所示结构是采用正面和侧面角焊缝连接的，虽然装配和焊接方便，但因为是搭接接头，疲劳强度低，也不能满足使用性能的要求。图 5-1c 所示结构是采用锻焊组合结构，使焊缝成为对接形式，既保证了焊缝强度，又便于装配焊接，是合理的接头形式。

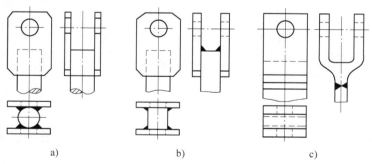

图 5-1　双孔叉连杆的结构形式

二、焊接结构的焊接工艺性分析内容

在进行焊接结构工艺性分析前，除了要熟悉该结构的工艺特点和技术要求以外，还必须了解被分析产品的用途、工作条件、受力情况及产量等有关方面的问题。焊接结构的焊接工艺性分析，主要有以下几方面内容。

1. 是否有利于减少焊接应力与焊接变形

从减少和影响焊接应力与焊接变形的因素来说，应注意以下几个方面。

（1）尽量减少焊缝数量　尽可能地减少结构上的焊缝数量和焊缝的填充金属量，这是设计焊接结构时一条最重要的原则。图 5-2 所示的框架转角，就有两个设计方案。图 5-2a 所示设计是用许多小肋板，构成放射形状来加固转角。图 5-2b 所示设计是用少数肋板构成屋顶的形状来加固转角，这种方案不仅提高了框架转角处的刚度与强度，而且焊缝数量又少，减少了焊后的变形和复杂的应力状态。

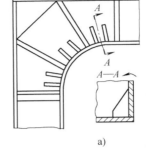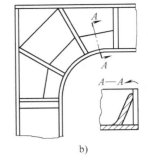

图 5-2　框架转角处加强肋布置的比较

（2）选用对称的构件截面　尽可能地选用对称的构件截面和焊缝位置。这种焊缝位置对称于截面重心，焊后能使弯曲变形控制在较小的范围。图 5-3a 所示构件的焊缝都在 x-x 轴一侧，焊后由于焊缝纵向收缩，最容易产生弯曲变形；图 5-3b 所示构件的焊缝对称于 x-x 轴和 y-y 轴，焊后弯曲变形较小，且容易防止；图 5-3c 所示构件由两根角钢组成，焊缝位置与截面重心并不对称，若把距重心近的焊缝设计成连续的，把距重心远的焊缝设计成断续的，就能减少构件的弯曲变形。

（3）尽量减小焊缝尺寸　在不影响结构的强度与刚度的前提下，尽可能地减小焊缝截面尺寸或把连续角焊缝设计成断续角焊缝。减小了焊缝截面尺寸和长度，能减少塑性变形区的范围，使焊接应力与焊接变形减少。

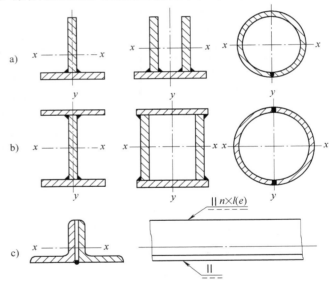

图 5-3　构件截面和焊缝位置与焊接变形的关系

（4）采用合理的装配焊接顺序　对复杂的结构应采用分部件装配法，尽量减少总装焊缝数量并使之分布合理，这样能大大减少结构的变形。为此，在设计结构时就要合理地划分部件，使部件的装配焊接易于进行和焊后经矫正能达到要求，这样就便于总装。由于总装时焊缝少，结构刚性大，焊后的变形就很小。

（5）避免焊缝相交　尽量避免各条焊缝相交，因为在交点处会产生三轴应力，使材料塑性降低，并造成严重的应力集中。图 5-4 所示为空间相交焊缝方案比较。图 5-4a 所示方案在交点处会产生三轴应力，使材料塑性降低，同时可焊到性也差，并造成严重的应力集中。若把它设计成图 5-4b 所示的形式，

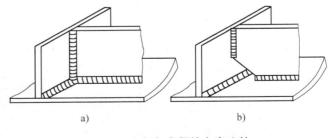

图 5-4　空间相交焊缝方案比较

即能克服以上缺点。

2. 是否有利于减少生产劳动量

在焊接结构生产中，如果不努力节约人力和物力，不提高生产率和降低成本，就会失去竞争能力。除了在工艺上采取一定的措施外，还必须从设计上使结构有良好的工艺性。减少生产劳动量的办法很多，归纳起来主要有以下几个方面。

（1）合理地确定焊缝尺寸　确定工作焊缝的尺寸，通常用等强度原则来计算求得。但只靠强度计算有时还是不够的，还必须考虑结构的特点及焊缝布局等问题。如焊脚小而长度大的角焊缝，在强度相同情况下具有比大焊脚短焊缝省料省工的优点。图 5-5 所示焊脚为 K 长度为 $2L$ 和焊脚为 $2K$ 长度为 L 的角焊缝强度相等，但焊条消耗量前者仅为后者的一半。在板料对接时，应采用对接焊缝，避免采用斜焊缝。

合理地确定焊缝尺寸具有多方面的意义，不仅可以减少焊接应力与焊接变形、减少焊接工时，而且在节约焊接材料、降低产品成本上也有重大意义。因此，焊缝金属占结构总重量的百分比，也是衡量结构工艺性的标志之一。

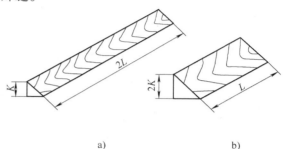

图 5-5　等强度的长短角焊缝

（2）尽量取消多余的加工　对单面坡口背面不进行清根焊接的对接焊缝，若通过修整焊缝表面来提高接头的疲劳强度是多余的，因为焊缝反面依然存在应力集中。对结构中的联系焊缝，若要求开坡口或焊透也是多余的加工，因为焊缝受力不大。钢板拼接后能达到与母材等强度，有些设计者偏偏在接头处焊上盖板，以提高强度，如图 5-6 所示工字梁的上下翼板拼接处焊上加强盖板，就是多余的，由于焊缝集中反而降低了工字梁承受动载荷的能力。

（3）尽量减少辅助工时　焊接结构生产中辅助工时一般占有较大的比例，减少辅助工时对提高生产率有重要意义。结构中焊缝所在位置应使焊接设备调整次数最少，焊件翻转的次数最少。图 5-7 所示为箱形截面构件。图 5-7a 所示设计为对接焊缝，焊接过程翻转一次，就能焊完四条焊缝。图 5-7b 所示设计为角焊缝，如果采用"船形"位置焊接，需要翻转焊件三次，若用平焊位置焊接则需多次调整机头。

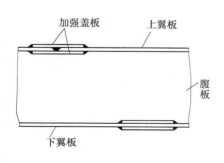

图 5-6　工字梁示意图

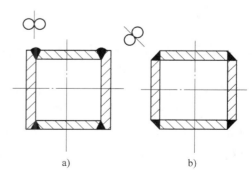

图 5-7　箱形截面构件

（4）尽量利用型钢和标准件　型钢具有各种形状，经过相互结合可以构成刚性更大的各种焊接结构。对同一结构如果用型钢来制造，则其焊接工作量会比用钢板制造要少得多。图 5-8 所示为变截面工字梁结构。图 5-8a 所示为用三块钢板组成；如果用工字钢组成，可将工字钢用气割分开，如图 5-8c 所示，再组装连接起来（图 5-8b），就能大大减少焊接工作量。

（5）尽量利用复合结构和继承性强的结构　复合结构具有发挥各种工艺长处的特点，它可以采用铸造、锻造和压制工艺，将复杂的接头简化，把角焊缝改成对接焊缝。图 5-9 所示为采用复合结构把 T 形接头转化为对接接头的应用实例，不仅降低了应力集中，而且改善了工艺性。在设计新结构时，把原有结构成熟部分保留下来，称继承性结构。继承性强的结构一般来说工艺性是比较成熟的，有时还可利用原有的工艺设备，所以合理利用继承性结构对结构的生产是有利的。

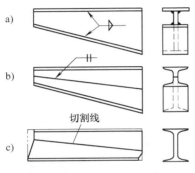
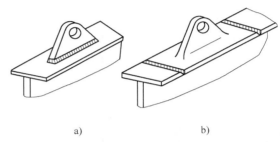

图 5-8　变截面工字梁结构

图 5-9　采用复合结构把 T 形接头转化为对接接头的应用实例
a）原设计的板焊结构　b）改进后的复合结构

应用复合结构不仅能够减少焊接工作量，而且可将应力集中系数较大的接头形式，转化为应力集中系数较小的对接接头。

（6）采用先进的焊接方法　埋弧焊的熔深比焊条电弧焊大，有时不需要开坡口，从而节省工时；采用 CO_2 气体保护焊，不仅成本低、变形小而且不需清渣。在设计结构时应使接头易于使用上述较先进的焊接方法。图 5-10a 所示箱形结构可用焊条电弧焊焊接，若制作成图 5-10b 所示形式，就可使用埋弧焊和 CO_2 气体保护焊。

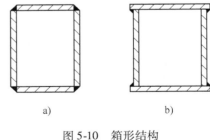

图 5-10　箱形结构

3. 是否有利于施工方便和改善工人的劳动条件

良好的施工和劳动条件，不仅有利于工人的施焊，而且有利于焊接质量的提高。为了改善工人的施工和劳动条件，在进行结构和工艺设计时应该考虑以下几个方面。

（1）尽量使结构具有良好的可焊到性和可探性　可焊到性是指结构上每一条焊缝都能得到很方便的施焊，在审查工艺性时要注意结构的可焊到性，避免因不好施焊而造成焊接质量不好。图 5-11a 所示三个结构都没有必要的操作空间，很难施焊，如果改成图 5-11b 所示的形式，就具有良好的可焊到性。又如厚板对接时，一般应开成 X 形或双 U 形坡口，若在构件不能翻转的情况下，就会造成大量的仰焊焊缝，这不但劳动条件差，质量还很难保证，这时就必须采用 V 形或 U 形坡口来改善其工艺性。

可探伤性是指结构上每一条焊缝都能得到很方便和严格的检验。对于结构上需要检验的焊接接头，必须考虑到是否检验方便。对高压容器，其焊缝往往要求 100% 射线探伤。图 5-12a 所示接头无法进行射线探伤或探伤结果无效，应改为图 5-12b 所示的接头形式。

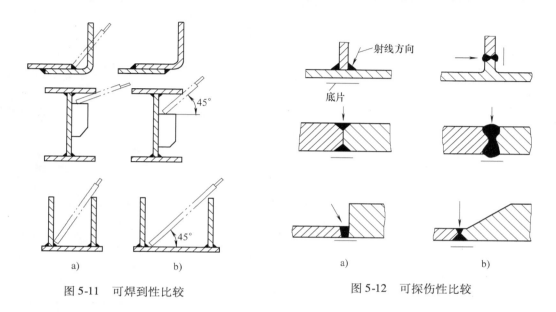

图 5-11　可焊到性比较　　　　　　　图 5-12　可探伤性比较

一般来说，可焊到性好的焊缝其检验也不会困难。此外，在焊接大型封闭容器时，应在容器上设置人孔，这是为操作人员出入方便和满足通风设备出入需要，能从容舒适地操作和不损害工人的身体健康。

（2）尽量有利于焊接机械化和自动化　当产品批量大、数量多的时候，必须考虑制造过程的机械化和自动化。原则上应减少零件的数量，减少短焊缝，增加长焊缝，尽量使焊缝排列规则和采用同一种接头形式。如采用手工焊时，图 5-13a 所示的焊缝位置较合理；当采用自动焊时，则以图 5-13b 所示的焊缝位置为好。

4. 是否有利于减少应力集中

应力集中不仅是降低材料塑性、引起结构脆断的主要原因，而且它对结构强度有很坏的影响。为了减少应力集中，应尽量使结构表面平滑，截面改变的地方应平缓和有合理的接头形式。一般常考虑以下问题。

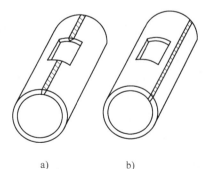

图 5-13　焊缝位置和焊接
方法的关系

（1）尽量避免焊缝过于集中　图 5-14a 所示为用八块小肋板加固轴承座，许多焊缝密集在一起，存在着严重的应力集中，不适合承受动载荷。如果采用图 5-14b 所示的形式，不仅改善了应力集中的情况，也使工艺性得到改善。

图 5-15a 所示焊缝布置，都有不同程度的应力集中，而且可焊到性差，若改成图 5-15b 所示结构，其应力集中和可焊到性都得到改善。

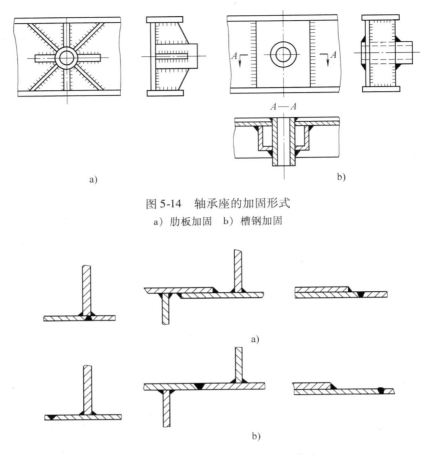

图 5-14　轴承座的加固形式
a）肋板加固　b）槽钢加固

图 5-15　焊缝布置与应力集中的关系

（2）尽量使焊接接头形式合理，减小应力集中　对于重要的焊接接头，应采用开坡口的焊缝，防止因未焊透而产生应力集中。是否开坡口除与板厚有关以外，还取决于生产技术条件。应设法将角接接头和 T 形接头，转化为应力集中系数较小的对接接头。图 5-16a 所示的接头转化为图 5-16b 所示的形式，实质上是把焊缝从应力集中的位置转移到没有应力集中的地方，同时也改善了接头的工艺性。

应当指出，在对接接头中，只有当力能够从一个零件平缓地过渡到另一个零件上去时，应力集中才是最小的。如果按图 5-17 所示结构，将搭接接头改为对接接头，并不能减少应力集中，在焊缝端部因截面突变，存在着严重的应力集中，极易产生裂纹。

（3）尽量避免构件截面的突变　在截面变

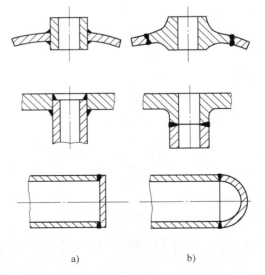

图 5-16　接头转化的应用实例

化的地方必须采用圆滑过渡，不要形成尖角。例如：搭接板存在锐角时，如图 5-18a 所示，应把它改变成圆角或钝角，如图 5-18b 所示。又如肋板存在尖角时，如图 5-19a 所示，应将它改变成图 5-19b 所示的形式。在厚板与薄板或宽板与窄板对接时，均应在接合处有一定的斜度，使之平滑过渡。

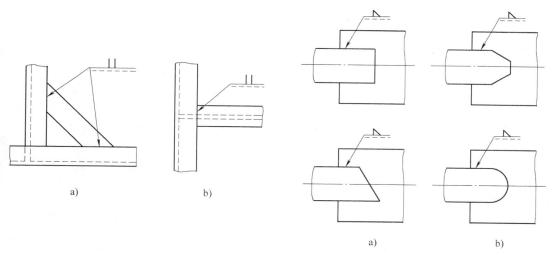

图 5-17　不合理的对接接头　　　　　图 5-18　搭接接头中搭板的形式

5. 是否有利于节约材料和合理使用材料

合理地节约材料和使用材料，不仅可以降低成本，而且可以减轻产品重量，便于加工和运输等，所以也是应关心的问题。设计者在保证产品强度、刚度和使用性能的前提下，为了减轻产品重量而采用薄板结构，并用肋板提高刚度。这样虽能减轻产品的重量，但要花费较多的装配、焊接、矫正等工时，而使产品成本提高。因此，还要考虑产品生产中其他的消耗和工艺性，这样才能获得良好的经济效果。

（1）尽量选用焊接性好的材料来制造焊接结构　在结构选材时首先应满足结构工作条件和使用性能的需要，其次是满足焊接特点的需要。在满足第一个需要的前提下，首先考虑的是材料的焊接性，其次考虑材料的强度。

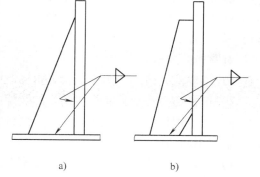

图 5-19　肋板的形式
a）不合理　b）合理

（2）使用材料一定要合理　一般来说，零件的形状越简单，材料的利用率就越高。图 5-20 所示为法兰盘备料的三种方案，图 5-20a 所示为用压力机落料制作，图 5-20b 所示为用扇形片拼接，图 5-20c 所示为用气割板条热弯而成，材料的利用率按 a、b、c 顺序提高，但生产的工时也按此顺序增加，哪种方案好要综合比较才能确定。通常是法兰直径小，生产批量大时，可选用 a 方案；尺寸大、批量大时，采用 b 方案能节约材料，经济效果好；法兰直径大且窄，批量小时，宜选用 c 方案。

图 5-21b 所示为锯齿合成梁，如果用工字钢通过气割，如图 5-21a 所示，再焊接成锯齿

合成梁，就能节约大量的钢材和焊接工时。

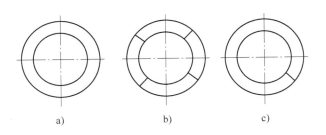

图 5-20　法兰盘备料的三种方案

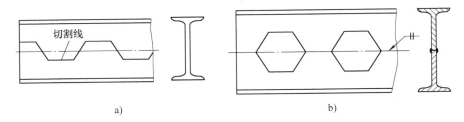

图 5-21　锯齿合成梁

三、焊接结构的焊接工艺性分析步骤

1. 焊接结构图样分析

焊接结构图样分析主要包括新产品设计图样、继承性设计图样和按照实物测绘的图样等。由于它们工艺性完善程度不同，因此工艺性分析的侧重点也有所区别。但是，在生产前无论哪种图样都必须按以下内容进行图样分析、审查，合格后才能交付生产准备和生产使用。

对图样的基本要求如下。

1）绘制的焊接结构图样应符合机械制图国家标准中的有关规定。

2）图样应当齐全，除焊接结构的装配图外，还应有必要的部件图和零件图。

3）由于焊接结构一般都比较大，结构复杂，所以图样应选用适当的比例，也可在同一图中采用不同的比例绘出。

4）当焊接结构较简单时，可在装配图上直接把零件的尺寸标注出来。

5）根据焊接结构的使用性能和制作工艺需要，在图样上应有齐全合理的技术要求，若在图样上不能用图形、符号表示时，应有文字说明。

2. 焊接结构技术要求分析

焊接结构技术要求分析主要包括使用要求和工艺要求。使用要求一般是指结构的强度、刚度、耐久性（抗疲劳、耐蚀、耐磨和抗蠕变等），以及在工作环境条件下焊接结构的几何尺寸、力学性能、物理性能等。而工艺要求则是指组成产品结构材料的焊接性及结构的合理性、生产的经济性和方便性。

焊接结构技术要求分析，主要从以下几方面入手。

1）分析产品的结构，了解焊接结构的工作性质及工作环境。

2）必须对焊接结构的技术要求以及所执行的技术标准进行熟悉、消化、理解。

3）结合具体的生产条件来考虑整个生产工艺能否适应焊接结构的技术要求，这样可以做到及时发现问题，提出合理的修改方案，改进生产工艺，使产品全面达到规定的技术要求。

分析审查完毕后，无修改意见的，审查者应在"工艺"栏内签字；对有较大修改意见的，暂不签字，审查者应填写"产品结构工艺性审查记录"与图样一并交设计部门。设计者根据工艺性审查记录上的意见和建议进行修改设计，修改后工艺未签字的图样返回工艺部门复查签字。若设计者与审查者意见不一，由双方协商解决。若协商不成，由厂技术负责人进行协调或裁决。

模块二　焊接结构的焊接工艺制订

焊接工艺是将已装配好的结构，用规定的焊接方法、焊接参数进行焊接加工，使各零、部件连接成一个牢固整体的加工工艺过程。制订合理的焊接工艺对保证产品质量、提高生产率、减轻劳动强度、降低生产成本非常重要。

一、焊接工艺制订的目的及内容

1. 焊接工艺制订的目的

1）获得满意的焊接接头，保证焊缝的外形尺寸和内部质量都能达到技术条件的要求。

2）使焊接应力与焊接变形尽可能小，焊接后构件的变形量在技术条件许可的范围内。

3）使焊缝可达性好，有良好的施焊位置、翻转次数少，同时可检测性好、便于检测。

4）当钢材淬硬倾向大时，应考虑采用预热、后热等措施防止焊接缺陷产生。

5）有利于实现机械化、自动化生产，有利于采用先进的焊接工艺方法。

6）有利于提高劳动生产率和降低成本。尽量使用高效率、低能耗的焊接方法。

2. 焊接工艺制订的内容

1）合理地选择焊接方法及相应的焊接设备与焊接材料。

2）合理地选择焊接参数，如焊条（焊丝）直径、焊接电流、电弧电压、焊接速度、施焊顺序和方向、焊接层数、气体流量、焊丝伸出长度等。

3）合理地选择焊接材料，如焊条、焊丝及焊剂牌号或型号，气体保护焊时的气体种类，钎料，钎剂等。

4）合理地选择焊接工艺措施，如预热、后热、焊后热处理等的工艺措施（包括加热温度、加热部位和范围、保温时间及冷却速度的要求等）。

5）选择或设计合理的焊接工艺装备，如焊接胎具、焊接变位机、自动焊机的引导移动装置等。

6）合理地选择焊缝质量检验方法及控制焊接质量措施。

二、焊接工艺制订的原则

焊接工艺过程需保证安全、质量、成本和生产率四个方面的要求。先进的工艺技术是在保证安全生产的条件下，用最低的成本，高效率地生产出质量优良、具有竞争力的产品。

1. 技术上的先进性

在制订焊接工艺时，要了解国内外焊接行业工艺技术的发展情况，对目前本厂所存在的差距要心中有数；要充分利用焊接结构生产工艺方面的最新科学技术成就，广泛地采用最新的发明创造、合理化建议和国内外先进经验；尽最大可能保持工艺技术上的先进性。

2. 经济上的合理性

在一定生产条件下，要对多种焊接工艺方法进行对比与计算，尤其要对产品的关键件、主要件、复杂零部件的工艺方法，采用价值工程理论，通过核算和方案评比，选择经济上最合理的方法，在保证质量的前提下以求成本最低。

3. 技术上的可行性

制订焊接工艺必须从本厂的实际条件出发，充分利用现有设备，发掘工厂的潜力，结合具体生产条件消除生产中的薄弱环节。由于产品生产工艺的灵活性较大，在制订焊接工艺时一定要照顾到工序间生产能力的平衡，要尽量使产品的制造和检测都在本厂进行。

4. 良好的劳动条件

在制订焊接工艺时，必须保证操作者具有良好而安全的劳动条件，应尽量采用机械化、自动化和高生产率的先进焊接技术，在配备工装时应尽量采用电动和气动装置，以减轻工人的体力劳动，确保工人的身体健康。

三、焊接工艺文件及内容

把已经设计或制订的焊接工艺内容写成指导工人操作和用于生产、工艺管理等的各种技术文件，就是工艺文件。工艺文件的种类和形式多种多样，繁简程度也有很大差别。焊接制造生产常用的工艺文件主要有焊接工艺守则、焊接工艺卡（工序卡）、焊接作业指导书等。

1. 焊接工艺守则

焊接工艺守则是焊接结构生产过程中的各个焊接工艺环节应遵守和执行的制度。它主要包括守则的适用范围，与加工工艺有关的焊接材料，加工所需设备及工艺装备，工艺操作前的准备以及操作顺序、方法、工艺参数、质量检验和安全技术等内容。

编写工艺守则时，语言要简明易懂，工程术语统一，符号和计量单位应符合国家有关标准，对于一些难以用文字说明的内容应绘制必要的简图。

2. 焊接工艺卡

焊接工艺卡是以工序为单位来说明具体零件、部件焊接加工方法和加工过程的一种工艺文件。焊接工艺卡表示了每一焊接工序的详细情况，包括操作顺序、方法、工艺参数、质量检验及所需的加工设备以及工艺装备等内容。对于重要产品的重要焊缝（如锅炉受压元件焊缝），应做到"一点一卡"，即一个焊接点，也就是一个焊缝，一张焊接工艺卡。表 5-1列出了常见的焊接工艺卡格式。

表5-1　常见的焊接工艺卡格式

焊接工艺卡	产品型号		零件名称		共　页	第　页
	零件图号		零件名称			

	主要组成件				
序　号	图　号	名　称	材　料	件　数	
(1)	(2)	(3)	(4)	(5)	

简图

(17)

工序号	工序内容	设备	工艺装备	电压或气压	电流或焊嘴号	焊条、焊丝、电极 型号	直径	焊剂	其他规范	工时
(6)	(7)	(8)	(9)	(10)	(11)	(12)	(13)	(14)	(15)	(16)

描图　描校　底图号　装订号

标记	处数	更改文件号	签字	日期	标记	处数	更改文件号	签字	日期	设计(日期)	审核(日期)	标准化(日期)	会签(日期)

模块三 焊接结构的焊接工艺评定

焊接工艺评定是评定焊接工艺正确与否的一项科学试验工作，是保证焊接质量的前提和基础。对于一些设计、生产制造和安装的重要焊接结构产品，在其生产制造前都要求进行焊接工艺评定。如国家能源局就发布了 NB/T 47014—2011《承压设备焊接工艺评定》，对承压设备焊接工艺评定进行了明确规定。

TSG R0004—2009《固定式压力容器安全技术监察规程》规定：压力容器产品施焊前，受压元件焊缝、与受压元件相焊的焊缝、融入永久焊缝内的定位焊缝、受压元件母材表面堆焊与补焊，以及上述焊缝的返修焊缝都应当进行焊接工艺评定或者具有经过评定合格的焊接工艺规程（WPS）支持。

一、焊接工艺评定及目的

焊接工艺评定就是为验证所拟订的焊件焊接工艺的正确性而进行的试验过程及结果评价，即按照拟订的焊接工艺（包括接头焊缝形式、焊接材料、焊接方法、焊接参数等），根据焊接工艺评定标准如 NB/T 47014—2011《承压设备焊接工艺评定》等，焊接评定试件、检验试件，测定拟订的焊接接头是否具有所要求性能。焊接工艺评定的目的在于：检验、评定拟订的焊接工艺是否正确、是否合理、是否能满足产品设计和标准规定，评定施焊单位是否有能力焊接出符合要求的焊接接头，为制订焊接工艺提供可靠依据。

二、焊接工艺评定的一般工作程序

1）分析焊接结构中应进行焊接工艺评定的所有焊接接头的类型及各项有关数据，如材料种类、焊接位置、坡口形式及尺寸等，提出应进行焊接工艺评定的若干接头，即焊接工艺评定项目，避免重复评定或漏评。

2）编制"预焊接工艺规程（PWPS）"（或称焊接工艺指导书），经焊接责任工程师审核后，由焊接试验室组织实施。预焊接工艺规程内容包括以下几点。

①预焊接工艺规程的编号和日期。

②相应的焊接工艺评定报告的编号。

③焊接方法及自动化程度。

④接头形式，有无衬垫及衬垫材料牌号。

⑤用简图表明坡口、间隙、焊道分布和焊接顺序。

⑥母材的钢号、分类号。

⑦母材熔敷金属的厚度范围。

⑧焊条、焊丝的牌号和直径，焊剂的牌号和类型，钨极的类型、牌号和直径，保护气体的名称和成分。

⑨焊接位置，立焊的焊接方向。

⑩预热的最低温度、预热方式、最高层间温度、焊后热处理的温度范围和保温时间范围。

⑪焊接电流的种类、极性和数值范围，电弧电压范围，焊接速度范围，送丝速度范围，

导电嘴至焊件的距离，喷嘴尺寸及喷嘴与焊件的角度，保护气体的流量，施焊技术（有无摆动，摆动方法，清根方法，有无锤击等）。

⑫焊接设备及仪表。

⑬编制人和审批人的签字、日期等。

3）根据预焊接工艺规程，在技术人员、检验人员监督下，由技术熟悉的焊工焊接评定试件，并做好施焊记录。注意评定试件不允许返修。图 5-22 所示为焊接工艺评定试件形式。

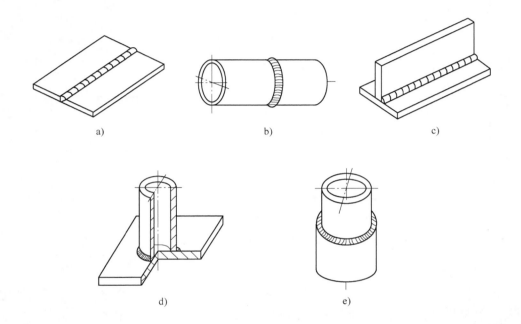

图 5-22　焊接工艺评定试件形式
a）板状对接焊缝试件　b）管状对接焊缝试件　c）板状角焊缝试件
d）管与板角焊缝试件　e）管与管角焊缝试件

4）对试件进行焊缝外观、无损探伤、力学性能试验及金相试验等检验。图 5-23 所示为板状对接焊缝试件力学性能试验试样位置图。

5）汇总资料，填写"焊接工艺评定报告（PQR）"，经焊接责任工程师审核，总工程师批准生效作为制订焊接工艺的依据，如果评定不合格，则须修正其预焊接工艺规程，重新评定，直至合格为止。

焊接工艺评定报告的内容主要有报告编号，相应的预焊接工艺规程的编号，焊接方法，焊缝形式、坡口形式及尺寸，焊接参数，试验项目和试验结果，母材及焊接材料的质量证明书，焊工姓名和钢印号，评定结论等。

6）根据评定合格的焊接工艺评定报告制订焊接工艺规程（卡），指导焊接生产。

焊接工艺评定的一般工作程序如图 5-24 所示。

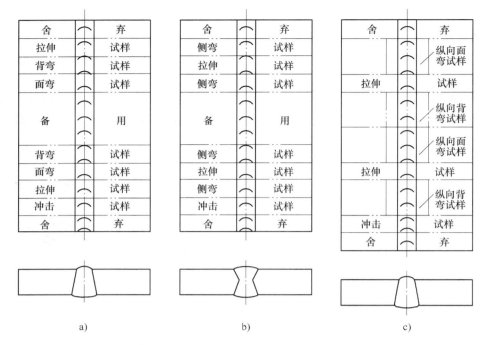

图 5-23　板状对接焊缝试件力学性能试验试样位置图

a）不取侧弯试样时　b）取侧弯试样时　c）取纵向弯曲试样时

三、焊接工艺评定的条件、规则和因素

1. 焊接工艺评定的条件

被焊材料已经过（或有可靠的依据）严格的焊接性试验，确认合格；焊接工艺评定所用设备、仪表与辅助机械均应处于正常工作状态；所选被焊材料与焊接材料必须符合相应的标准，并需由本单位技能熟练的焊接人员焊接试件。

2. 焊接工艺评定的规则

进行焊接工艺评定时，评定对接焊缝与角接焊缝的焊接工艺均可采用对接焊缝接头形式；板材对接焊缝试件评定合格的焊接工艺，适用于管材和板材的角焊缝。

3. 焊接工艺评定因素

焊接工艺评定因素分为三类：重要因素（指影响焊接接头力学性能的焊接工艺评定因素，冲击韧性除外）；次要因素（对力学性能无明显影响的焊接工艺评定因素）；补加因素（指影响冲击韧性的焊接工艺评定因素）。

当变更重要因素时，需重新进行焊接工艺评定；当增加或变更补加因素时，可按增加或变更的补加因素增加冲击韧性试验；当变更次要因素时，不需重新进行焊接工艺评定。

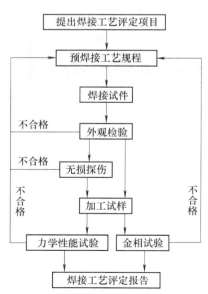

图 5-24　焊接工艺评定的一般工作程序

小　提　示

　　所谓重要因素、次要因素、补加因素是相对于某种焊接方法而言的。有的参数对于这种焊接方法是重要因素，而对另一种焊接方法却可能成为次要因素，甚至对第三种焊接方法可能成为根本不需要考虑的参数。

四、焊接工艺评定适用厚度范围

　　NB/T 47014—2011《承压设备焊接工艺评定》中规定了进行拉伸试验和横向弯曲试验的对接焊缝焊接工艺评定适用的焊件母材厚度和焊缝金属厚度的有效范围，见表5-2。

表5-2　焊接工艺评定适用的焊件母材厚度和焊缝金属厚度的有效范围

（单位：mm）

试件母材厚度 T	适用的焊件母材厚度的有效范围		适用的焊件焊缝金属厚度（t）的有效范围	
	最小值	最大值	最小值	最大值
< 1.5	T	$2T$	不限	$2t$
$1.5 \leqslant T \leqslant 10$	1.5	$2T$	不限	$2t$
$10 < T < 20$	5	$2T$	不限	$2t$
$20 \leqslant T < 38$	5	$2T$	不限	$2t$ （$t < 20$）
$20 \leqslant T < 38$	5	$2T$	不限	$2T$ （$t \geqslant 20$）
$38 \leqslant T \leqslant 150$	5	200[①]	不限	$2t$ （$t < 20$）
$38 \leqslant T \leqslant 150$	5	200[①]	不限	200[①] （$t \geqslant 20$）
> 150	5	$1.33T$[①]	不限	$2t$ （$t < 20$）
> 150	5	$1.33T$[①]	不限	$1.33T$[①] （$t \geqslant 20$）

　　[①]　限于焊条电弧焊、埋弧焊、钨极气体保护焊、熔化极气体保护焊。

五、焊接工艺规程（卡）与焊接工艺评定的关系

　　焊接工艺评定与焊接工艺规程（WPS）（卡）既有区别又有联系。焊接工艺评定是在产品制造前进行的，只有其评定合格后，才可编制焊接工艺规程（卡）。焊接工艺评定是编制焊接工艺规程（卡）的依据。焊接工艺评定只考虑影响焊接接头力学性能的工艺因素，而未考虑焊接变形、焊接应力等因素。焊接工艺规程（卡）的制订除根据焊接工艺评定外，还须结合工厂实际情况，考虑劳动生产率、技术素质、设备等因素，使之具有先进性、合理性、完整性。焊接工艺评定是技术文件，要编号存档，而焊接工艺规程（卡）则要与产品图样一起下放到生产工人，具体指导生产。

【工程应用实例】

Q345R 的焊接工艺评定

　　母材为 Q345R、厚度为 10mm 的焊条电弧焊对接焊接的"预焊接工艺规程"见表5-3，焊接工艺评定报告见表5-4。

表 5-3　预焊接工艺规程

单位名称：　××锅炉有限公司

预焊接工艺规程编号：　HZ09-02-B　焊接工艺评定报告编号：　HP09-02-B

焊接方法：　焊条电弧焊　自动化程度：　手工

焊接接头 接头形式：对接接头 衬垫（材料及规格）：＿＿＿＿＿＿ 其他：＿＿＿＿＿＿	简图（坡口形式及尺寸、焊接层次、焊接顺序） 焊接三层后，背面封底 试件 500mm × 125mm × 10mm

母材

牌号：　Q345R　规格：　δ10　分类号：　Ⅱ

焊接材料

焊条型号：　E5015　牌号：　结507　规格：　φ3.2mm、φ4mm

焊接位置：　平焊 焊接方向：＿＿＿＿＿＿	预热、焊后热处理 预热温度：＿＿＿＿＿　层间温度：＿＿＿＿＿ 后热温度时间：＿＿＿＿＿ 焊后热处理时间：＿＿＿＿＿ 其他：＿＿＿＿＿＿

操作技术：（技术措施）

摆动及参数：＿＿＿＿＿＿清根方法：＿＿＿＿＿＿锤击：＿＿＿＿＿＿

单道或多道：＿＿＿＿＿＿单丝或多丝：＿＿＿＿＿＿其他：＿＿＿＿＿＿

焊接参数

焊层/焊道	焊接方法	电流及接法	焊接设备	焊材及规格 /mm	焊接电流 /A	电弧电压 /V	焊接速度 /mm·min⁻¹
1/1	焊条电弧焊	直流反接	ZX5-400	E5015、φ3.2	95～110	20～23	110～120
2/1	焊条电弧焊	直流反接	ZX5-400	E5015、φ4	160～180	22～25	130～140
3/1	焊条电弧焊	直流反接	ZX5-400	E5015、φ4	150～170	22～25	130～140
封底1/1	焊条电弧焊	直流反接	ZX5-400	E5015、φ4	150～170	22～25	130～140

其他：

编制	××	校对	××	审核	××	批准	××
日期		日期		日期		日期	

表5-4 焊接工艺评定报告

单位名称：××锅炉有限公司

焊接工艺评定报告编号：____HP09-02-B____ 预焊接工艺规程编号：HZ09-02-B

焊接方法：焊条电弧焊自动化程度：手工

简图（坡口形式及尺寸、焊接层次、焊接顺序）
焊接三层后，背面封底

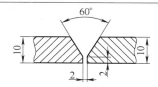

母材

牌号：Q345R 规格：δ10 分类号：Ⅱ

质量证明书号：372 复验报告号：B0210

焊接材料

焊条型号：E5015 牌号：结507 规格：φ3.2mm、φ4mm

质量证明书号：030230 复验报告号：HT0120（φ3.2mm），HT0122（φ4mm）

焊接位置：平焊 焊接方向：_____	预热、焊后热处理 预热温度：_____ 层间温度：_____ 后热温度时间：_____ 焊后热处理时间：_____

操作技术：（技术措施）

摆动或不摆动：_____ 摆动参数：_____ 清根方法：_____

单道或多道：_____ 单丝或多丝：_____ 锤击：_____

焊接参数

焊层/焊道	焊接方法	电流及接法	焊接设备	焊材及规格/mm	焊接电流/A	电弧电压/V	焊接速度/mm·min⁻¹	其他
1/1	焊条电弧焊	直流反接	ZX5-400	E5015、φ3.2	100~105	21~22	115	
2/1	焊条电弧焊	直流反接	ZX5-400	E5015、φ4	170~175	24~25	130	
3/1	焊条电弧焊	直流反接	ZX5-400	E5015、φ4	165~170	23~24	135	
封底1/1	焊条电弧焊	直流反接	ZX5-400	E5015、φ4	165~170	23~24	135	

焊工姓名：××× 焊工代号：×× 焊接日期：××

（续）

焊接工艺评定试件外观检验

试件号	焊缝尺寸/mm	裂纹	未熔合	未焊透	夹渣	气孔	角变形	错边	咬边	弧坑
HP09-02-B-1	正宽：16~18 余高：0~1 背宽：6~8 余高：1~2	无	无	无	无	无	无	无	无	无
结论	合格				检验员		×× ×			

无损探伤

试验报告号：× ×

试件号	检验方法	检验标准	检验结果	拍片	评片
HP09-02-B-1	RT	JB/T 4730	Ⅰ级	× × ×	× × ×

拉伸试验

试验报告号：× ×

试样编号	试样宽度/mm	试样厚度/mm	抗拉强度/MPa	屈服强度	断裂部位及特性
09-1	40	10	557		焊缝
09-2	40	10	560		热影响区
结论	合格			检验员	× × ×

弯曲试验

试验报告号：× ×

试样编号	试样类型	试样厚度	弯曲直径	弯曲角度	试验结果
09-3	面弯	10	30	100°	合格
09-4	面弯	10	30	100°	合格
09-5	背弯	10	30	100°	合格
09-6	背弯	10	30	100°	合格

（续）

冲击试验

试验报告号：××

试样编号	试样尺寸	缺口类型	缺口位置	试验温度	冲击吸收能量	备注
结论			检验员			

金相试验

试验报告号：××

结论		检验员	

其他试验

试验报告号：××

结论		检验员	

结论：本评定按 NB/T 47014—2011 规定焊接试件、检验试样、测定性能，确认试验记录正确

评定结果：（合格、不合格）合格

本评定适用的焊件母材厚度范围：7.5～15mm，适用的焊件焊缝金属厚度范围：0～15mm

编制	××	校对	××	审核	××	批准	××
日期	××	日期	××	日期	××	日期	××
第三方检验							

冷却器的简体制造工艺

图 5-25 所示为冷却器的简体，制订其加工工艺。

1. 主要技术参数

筒节数量：4（整个筒体由 4 个筒节组成）。材料：Ni-Cr 不锈钢。

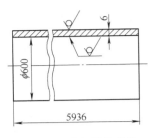

圆度 e（$D_{max} - D_{min}$）：$\leqslant 3mm$。内径偏差：$\phi 600^{+3}_{-2}mm$。

组对筒体：长度公差为 5.9mm，两端平行度公差为 2mm。

检验：试件进行晶间腐蚀试验；焊缝外观合格后，进行 100% 射线探伤。

图 5-25　冷却器的筒体

2. 筒体制造的工艺过程

该筒体为圆筒形，结构比较简单。筒体总长 5936mm，内径为 $\phi 600mm$，分为 4 段筒节制造。由于筒节直径小于 800mm，因此可用单张钢板制作，筒节只有一条纵焊缝。各筒节开坡口、卷制成形，纵缝焊完成后按焊接工艺组对环焊，并进行射线探伤。具体内容填入筒体加工工艺过程卡，见表 5-5。

表 5-5　筒体加工工艺过程卡

筒体加工工艺过程卡			产品型号		部件图号			共　页
			产品名称	筒体	部件名称			第　页
工序	工序名称	工序内容		车间	工艺装备及设备		辅助材料	工时定额
0	检验	材料应符合国家标准要求的质量						
10	划线	划线，简体由 4 节组成，同时划出 400mm（500mm）×135mm 试块一副		划线				
20	切割下料	按划线尺寸切割下料		下料	等离子切割机			
30	刨边	按图样要求刨各筒节坡口		机加	刨边机			
40	成形	卷制成形		成形	卷板机			
50	焊接	组对焊缝和试件，除去坡口及两侧的油漆；按焊接工艺组焊纵缝试件		焊接	埋弧焊		焊丝、焊剂	
60	检验	1）纵焊缝外观合格，按 GB/T 3323 进行 100% 射线探伤，Ⅱ级合格　2）试件按《压力容器安全技术监察规程》检验合格　3）按 GB/T 4334—2008《金属和合金的腐蚀　不锈钢晶间腐蚀试验方法》规定进行晶间腐蚀试验			射线探伤设备			
70	校形	校圆：$e \leqslant 3mm$		成形				
80	组焊	按焊接工艺组对环焊缝		焊接	自动焊		焊丝、焊剂	
90	检验	环焊缝外观合格后，按 GB/T 3323 标准进行 100% 射线探伤，Ⅱ级合格			射线探伤设备			
100	焊接	在筒节 1 的右端组焊衬环，要求衬环与筒体紧贴		焊接				

【职业资格考证训练题】

一、填空题

1. 焊接结构的工艺性，是指设计的焊接结构在具体的生产条件下能否_____地制造出来，并采用最有效的工艺方法的_____。

2. 为了提高设计产品结构的工艺性，工厂应对所有新设计的产品和改进设计的产品以及外来产品图样，在首次生产前进行结构的_____。

3. 焊接结构的焊接工艺性分析的步骤包括_____和_____。

4. 确定工作焊缝的尺寸，通常用_____原则来计算求得。

5. 焊接工艺制订的原则是_____、_____、_____和_____等。

6. 焊接工艺评定的因素分为_____、_____和_____三类。

二、判断题

1. 焊接结构的焊接工艺性分析的内容之一是是否有利于减少焊接应力与焊接变形。
（　　）

2. 是否有利于施工方便和改善工人的劳动条件是焊接结构的焊接工艺性分析的重要内容之一。
（　　）

3. 在焊接工艺性分析时要注意结构的可焊到性和可探伤性。
（　　）

4. 焊接中常用的工艺文件有焊接工艺卡、工艺过程卡和焊接工艺守则等。
（　　）

5. 当重要因素变更时，需重新进行焊接工艺评定。
（　　）

6. 焊接工艺评定是在产品制造前进行的，只有其评定合格后，才可编制焊接工艺（卡）。
（　　）

第六单元　典型焊接结构的制造工艺

焊接结构的品种繁多，应用广泛，这里重点介绍生产中常见的典型焊接结构，即桥式起重机箱形主梁和压力容器的制造工艺。

模块一　桥式起重机箱形主梁的制造工艺

桥式起重机中的主要受力部件是箱形主梁，其结构形式如图 6-1 所示，由左右两块腹板，上下两块翼板以及若干长、短肋板组成。长、短肋板主要作用是提高梁的稳定性及上翼板承受载荷的能力。有时，当腹板较高时还需增加水平肋板。

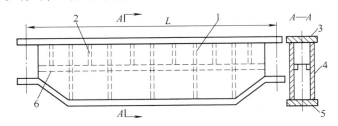

图 6-1　箱形主梁的结构形式

1—长肋板　2—短肋板　3—上翼板　4—腹板　5—下翼板　6—水平肋板

一、箱形主梁的主要技术要求

为保证起重机的使用性能，箱形主梁在制造中应满足如下主要技术要求，如图 6-2 所示。

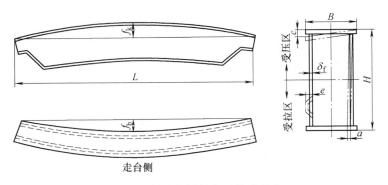

走台侧

图 6-2　箱形主梁的主要技术要求

1）主梁应满足一定的上拱要求，其上挠度 $f_k = L/700 \sim L/1000$（L 为主梁的跨度）。

2）为了补偿焊接走台时的变形，主梁向走台侧应有一定的旁弯 f_b，$f_b = L/1500 \sim L/$

2000。

3）主梁腹板的波浪变形除对刚度、强度和稳定性有影响外，也影响表面质量，所以对波浪变形应该加以限制，以测量长度 1m 计，腹板波浪变形 e，在受压区 $e < 0.7\delta_f$，在受拉区 $e < 1.2\delta_f$。

4）主梁翼板和腹板的倾斜会使梁产生扭曲变形，影响小车的运行和梁的承载能力，一般要求上翼板水平偏斜 $c \leqslant B/250$（B 为主梁上翼板宽度）；腹板垂直偏斜 $a \leqslant H/200$（H 为主梁高度）。

5）各肋板之间距离公差应在 ±5mm 范围之内。

二、箱形主梁的制造工艺

1. 腹板与翼板制造

（1）腹板及翼板的拼接 主梁长度一般为 10 ~ 40m，腹板与上下翼板要用多块钢板拼接而成，所有拼接焊缝均要求焊透，并要求通过超声波或射线检验，其质量应满足起重机技术要求中的规定。根据板厚的不同，拼板对接焊工艺主要有：开坡口，双面焊条电弧焊；一面焊条电弧焊，另一面埋弧焊；双面埋弧焊；气体保护焊和单面焊双面成形埋弧焊。考虑到焊接时的收缩，拼板时应留有一定的余量。

为避免应力集中，保证梁的承载能力，翼板与腹板的拼接接头不应布置在同一截面上，错开距离不得小于 200 mm；同时，翼板及腹板的拼接接头不应安排在梁的中心附近，一般应离梁中心 2m 以上。

为防止拼接板时角变形过大，可采用反变形法。双面焊时，第二面的焊接方向可与第一面的焊接方向相反，以控制变形。

（2）腹板上挠度的制备 为满足技术要求规定的主梁上拱要求，腹板应预制出数值大于技术要求的上挠度，上拱沿梁跨度、对称跨度中均匀分布，具体可根据生产条件和所用的工艺程序等因素来确定。图 6-3 所示为制备腹板上挠度的两种方法。

2. 肋板的制造

1）肋板多为长方形，长肋板中间一般有减轻孔。肋板一般采用整块材料制成，长肋板为节省材料也可用零料拼接而成。由于肋板尺寸影响装配质量，故要求其宽度尺寸误差只能小于 1mm，长度尺寸允许误差稍大。

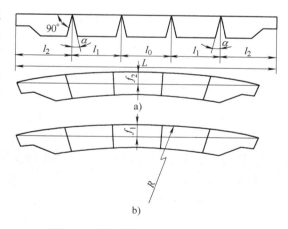

图 6-3 制备腹板上挠度的两种方法
a）用剪板机切成若干梯形毛坯后拼接
b）用气割直接切成

2）肋板的四个角应严格保证直角，尤其是肋板与上翼板接触的两个角，这样才能保证箱形梁在装配后腹板与上翼板垂直，并且使箱形梁在长度方向上不会产生扭曲变形。

3. 箱形主梁的装配与焊接

箱形主梁多采用低合金高强钢制造，如 Q345 等。根据主梁的结构特点，箱形主梁的装配与焊接顺序为：先将上翼板、腹板和肋板装焊成 Π 形梁，然后再将 Π 形梁与下翼板装焊成封闭的箱形梁，最后进行箱形梁的变形矫正。

（1）装焊 Π 形梁　Π 形梁由上翼板、腹板和肋板组成，装配方法有机械夹具组装和平台组装两种，目前以上翼板为基准的平台组装应用较广，如图 6-4 所示。

1）装焊肋板。装配时，先在上翼板用划线定位的方法装配肋板，用直角尺检验垂直度后进行定位焊。为减小梁的下拱变形，装好肋板后应进行肋板与上翼板焊缝的焊接。

2）装焊腹板。组装腹板时，首先要求在上翼板和腹板上分别划出跨度中心线，然后用起重机将腹板吊起与上翼板、肋板组装，使腹板的跨度中心线对准上翼板的跨度中心线，然后

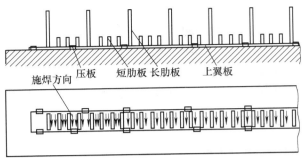

图 6-4　平台组装

在跨度中点定位焊。腹板装好后，即可进行肋板与腹板的焊接，但上翼板和腹板两条较长的纵向焊缝暂不焊接。对 Π 形梁内壁所有焊缝，尽可能采用 CO_2 气体保护焊，以减小变形，提高生产率。为使 Π 形梁的弯曲变形均匀，应沿梁的长度方向由偶数焊工对称施焊。

（2）装焊下翼板　装配时在下翼板上先划出腹板的位置线，将 Π 形梁吊放在下翼板上，两端用双头螺杆将其压紧固定，然后检验梁中部和两端的水平度和垂直度及挠度，如图 6-5 所示。下翼板与腹板的间隙应不大于 1mm，定位焊时应从中间向两端两面同时进行。

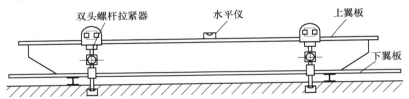

图 6-5　下翼板的装配

腹板与上、下翼板间有四条纵向角焊缝，最好采用自动焊方法焊接，生产中多采用埋弧焊和粗丝 CO_2 气体保护焊。采用埋弧焊时，可采用图 6-6 所示的焊接方式。图 6-6a 所示为"船形"位置单机头焊，主梁不动，靠焊接小车移动完成焊接工作。平焊位置可采用双机头焊（图 6-6b、c），其中，图 6-6b 所示为靠移动工件完成焊接，图 6-6c 所示为通过机头移动来完成焊接。

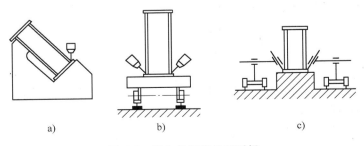

a)　　　　　　　　b)　　　　　　　　c)

图 6-6　纵向角焊缝的埋弧焊

　　焊接顺序视梁的挠度和旁弯的情况而定。通过四条焊缝的不同焊接方向和顺序来调节梁的挠度和旁弯，如图6-7所示。

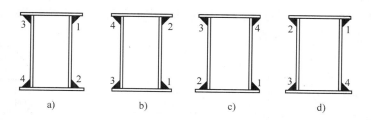

图6-7　腹板与上、下翼板纵向角焊缝的焊接顺序
a）上挠度偏大，旁弯右拱采用　　b）上挠度偏小，旁弯右拱采用
c）上挠度偏小，旁弯适中采用　　d）上挠度偏大，旁弯适中采用

　　（3）箱形主梁的矫正　　箱形主梁装焊完毕后应进行检查，如果变形超过了规定值，应根据变形情况，可采用火焰矫正法选择好加热的部位与加热方式进行矫正。

模块二　压力容器的制造工艺

　　压力容器是指盛装气体或液体，承载一定压力的密闭设备，广泛用于石油化工、能源工业、科研和军事工业等方面，如煤气或液化气罐、各种蓄能器、换热器、分离器以及大型管道等。

一、压力容器的基本知识

1. 压力容器的分类
压力容器的分类方法很多，主要的分类方法有以下两种。
（1）按设计压力划分　　压力容器按设计压力可分为四个承受等级。
1）低压容器（代号L）。$0.1MPa \leqslant p < 1.6MPa$。
2）中压容器（代号M）。$1.6MPa \leqslant p < 10MPa$。
3）高压容器（代号H）。$10MPa \leqslant p < 100MPa$。
4）超高压容器（代号U）。$p \geqslant 100MPa$。
（2）按综合因素划分　　在设计压力划分的基础上，综合压力容器工作介质的危害性（易燃、致毒等程度），可将压力容器分为Ⅰ、Ⅱ和Ⅲ类。
1）Ⅰ类容器。一般指低压容器（Ⅱ、Ⅲ类规定的除外）。
2）Ⅱ类容器。属于下列情况之一者：①中压容器（Ⅲ类规定的除外）；②易燃介质或毒性程度为中度危害介质的低压反应容器和储存容器；③毒性程度为极度和高度危害介质的低压容器；④低压管壳式余热锅炉；⑤搪玻璃压力容器。
3）Ⅲ类容器。属于下列情况之一者：①毒性程度为极度和高度危害介质的中压容器和$pv \geqslant 0.2MPa \cdot m^3$的低压容器；②易燃介质或毒性程度为中度危害介质且$pv \geqslant 0.5MPa \cdot m^3$的

中压反应容器或 $pv \geq 10MPa \cdot m^3$ 的中压储存容器；③高压、中压管壳式余热锅炉；④高压容器。

2. 压力容器的结构特点

常见的压力容器结构形式有圆柱形、球形和圆锥形三种，如图 6-8 所示。这里只介绍圆柱形压力容器。圆柱形压力容器结构比较简单，如图 6-9 所示，一般是由筒体、封头、开孔及接管、法兰、支座等零部件组成。另外，压力容器上还装有安全阀、爆破片、压力表、液面计、温度计等安全附件。

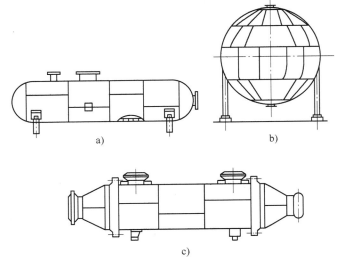

图 6-8　常见的压力容器结构形式
a）圆柱形　b）球形　c）圆锥形

（1）筒体　筒体是压力容器最主要的组成部分，由它构成储存物料或完成化学反应所需要的大部分压力空间。当筒体直径较小（<500mm）时，可用无缝钢管制作。当直径较大时，筒体一般用钢板卷制或压制（压成两个半圆）后焊接而成。由于该焊缝的方向与筒体的纵向（轴向）一致，故称为纵焊缝。当筒体的纵向尺寸大于钢板的宽度时，可由几个筒节拼接而成。由于筒节与筒节或筒体与封头之间的连接焊缝呈环形，故称为环焊缝。所有的纵、环焊缝焊接接头，原则上均采用对接接头。

（2）封头　常见的封头形式有椭圆形、碟形、半球形、锥形等，如图 6-10 所示。封头应符合 GB/T 25198—2010《压力容器封头》的规定。

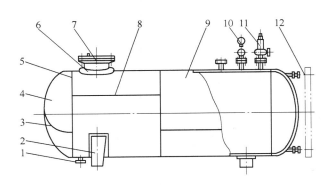

图 6-9　圆柱形压力容器结构图
1—法兰　2—支座　3—封头拼接焊缝　4—封头
5—环焊缝　6—加强板　7—人孔　8—纵焊缝
9—筒体　10—压力表　11—安全阀
12—液面计

椭圆形封头是由半个椭球壳和一段高度为 h 的直边部分组成，如图 6-10a 所示。由于椭圆曲线的曲率半径变化是连续的，所以封头中应力分布也比较均匀，是目前国内外压力容器采用最多的封头形式。长短轴之比为 2 的椭圆形封头称为标准椭圆形封头。

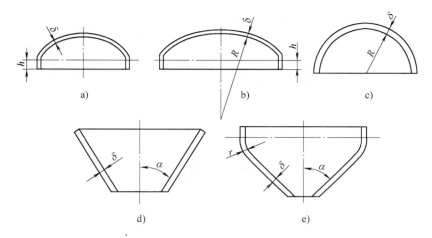

图 6-10　常见的封头形式

a）椭圆形封头　b）碟形封头　c）半球形封头　d）无折边锥形封头　e）有折边锥形封头

小 提 示

平板封头与其他封头相比较，结构最为简单，制造方便，但受力状况最差。相同压力下，平板中产生的应力很大，所以在相同的受压条件下，平板封头比其他封头厚得多，所以它一般用于直径较小和压力较低的情况。

（3）法兰　法兰按其所连接的部分，分为管法兰和容器法兰。用于管道连接和密封的法兰称为管法兰；用于容器顶盖与筒体连接的法兰称为容器法兰。法兰与法兰之间一般加密封元件，并用螺栓连接起来。常见的法兰结构形式如图 6-11 所示。

（4）开孔与接管　由于工艺要求和检修时的需要，常在某些容器上开设各种孔或安装接管，如人孔、手孔、视镜孔、物料进出接管，以及安装压力表、液面计、流量计、安全阀等接管开孔。

手孔和人孔是用来检查容器的内部并用来装拆和洗涤容器内部的装置。手孔的直径一般不小于150mm。容器直径大于 1200mm 时应开设人孔。位于筒体上的人孔一般开成椭圆形，其尺寸为 300mm × 400mm；封头上的人孔一般为圆形，直径为 400mm。筒体与封头上开设孔后，开孔部位的强度被削弱，一般用加强板进行加固处理。

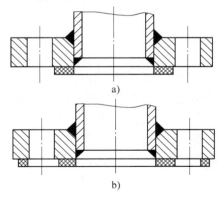

图 6-11　常见的法兰结构形式

（5）支座　压力容器靠支座支承并固定在基础上。随着圆筒形容器的安装位置不同，有立式容器支座和卧式容器支座两类。对于卧式容器主要采用鞍式支座，对于薄壁长容器也可采用圈座。

3. 压力容器焊接接头分类

在压力容器标准中，把压力容器受压元件的焊接接头按其所在的位置分为 A、B、C、D 四类，非受压元件与受压元件的连接接头为 E 类接头，如图 6-12 所示。

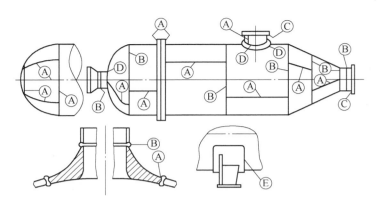

图 6-12　压力容器焊接接头

（1）A 类接头　圆筒部分（包括接管）和锥壳部分的纵向接头（多层包扎容器层板层纵向接头除外），球形封头与圆筒连接的环向接头、各类凸形封头和平封头中的所有拼焊接头以及嵌入式接管或凸缘与壳体对接连接的接头，均属于 A 类接头。

（2）B 类接头　壳体部分的环向接头、锥形封头小端与接管连接的接头、长径法兰与接管连接的接头、平盖或管板与圆筒对接连接的接头以及接管间的对接环向接头，均属 B 类接头，但已规定为 A 类接头除外。

（3）C 类接头　球冠形封头、平盖、管板与圆筒非对接连接的接头，法兰与壳体或接管连接的接头，内封头与圆筒的搭接接头以及多层包扎容器层板层纵向接头，均属 C 类接头，但已规定为 A、B 类接头除外。

（4）D 类接头　接管（包括人孔圆筒）、凸缘、补强圈等与壳体连接的接头，均属 D 类接头，但已规定为 A、B、C 类接头除外。

（5）E 类接头　非受压元件与受压元件的连接接头为 E 类接头。

小　提　示

在压力容器标准中，不同类别的焊缝规定出了不同的质量要求和技术标准。如装配质量上，A、B 焊缝对口错边量上有所区别。A 类焊缝质量要求比 B 类更为严格，标准要求两者采用双面或相当于双面焊的全焊透对接焊缝。另外，还规定了 A、B 类焊缝余高要求、不等厚钢板焊接时削薄厚板边缘；A、B 类焊缝射线或超声检测比例，C、D 类角焊缝表面加工要求和无损探伤、试板的焊接等。

二、中、低压容器的制造工艺

中、低压容器结构及制造较为典型，应用也最为广泛。这类容器一般为单层筒形结构，其主要受力元件是封头和筒体。圆柱形压力容器制造工艺流程，如图 6-13 所示。

1. 封头的制造

目前广泛采用冲压成形工艺加工封头。现以椭圆形封头为例说明其制造工艺。

封头制造工艺大致如下：原材料检验→划线→下料→拼缝坡口加工→拼板的装焊→加热→压制成形→二次划线→封头余量切割→热处理→检验→装配。

椭圆形封头压制前的坯料是一个圆形，其坯料直径可按公式进行计算。坯料尽可能采用整块钢板，如直径过大，一般采用拼接。这里有两种方法：一种是用两块或由左右对称的三块钢板拼焊，其焊缝必须布置在直径或弦的方向上；另一种是由瓣片和顶圆板拼接制成，焊缝方向只允许是径向和环向的。径向焊缝之间最小距离应不小于名义厚度 δ_n 的 3 倍，且不小于 100mm，如图 6-14 所示。封头拼接焊缝一般采用双面埋弧焊。

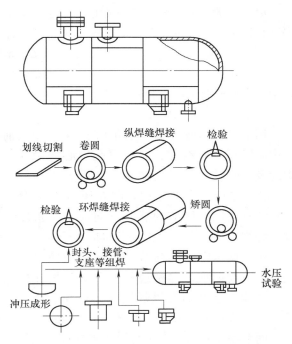

封头成形有热压成形和冷压成形之分。采用热压成形时，为保证热压质量，必须控制始锻和终锻温度。低碳钢始锻温度一般为 1000 ～ 1100℃，终锻温度为 750 ～ 850℃。加热的坯料在压制前应清除表面的杂质和氧化皮。封头是在油压机（或水压机）上，用凸凹模一次压制成形，不需要采取特殊措施。

图 6-13　圆柱形压力容器制造工艺流程

封头成形后还要对其边缘进行加工，以便于筒体装配。一般应先在平台上划出保证直边高度的加工位置线，用火焰切割割去加工余量，可采用图 6-15 所示的封头余量切割机。此机械装备在切割余量的同时，可通过调整割炬角度直接割出封头边缘的坡口（V 形），经修磨后直接使用。如对坡口精度要求高或其他形式的坡口，一般是将切割后的封头放在立式车床上进行加工，以达到设计图样的要求。封头加工以后，应对主要尺寸进行检查，合格后才可与筒体装配焊接。

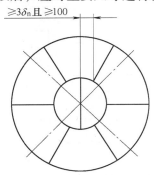

图 6-14　封头的拼焊

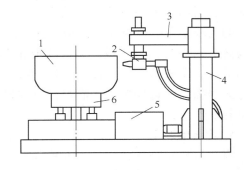

图 6-15　封头余量切割机
1—封头　2—割炬　3—悬臂　4—立柱
5—传动系统　6—支座

2. 筒节的制造

筒节制造的一般过程为：原材料检验→划线→下料→边缘加工→卷制→纵焊缝装配→纵

焊缝焊接→焊缝检验→矫圆→复检尺寸→装配。

　　筒节一般在卷板机上卷制而成，由于筒节的内径比壁厚要大许多倍，所以，筒节下料的展开长度 L，可用筒节的平均直径 d_p 来计算，即

$$L = \pi d_p$$
$$d_p = d_g + \delta$$

式中　　d_g——筒节的内径；

　　　　δ——筒节的壁厚。

　　筒节可采用剪切或半自动切割下料，下料前先划线，包括切割位置线、边缘加工线、管孔中心线及位置线等，其中管孔中心线距纵焊缝及环焊缝边缘的距离不小于管孔直径的0.8倍，并打上样冲标记。图6-16所示为筒节划线示意图。筒节的展开方向应与钢板轧制的纤维方向一致，最大夹角也应小于45°。

　　中、低压容器的筒节可在三辊或四辊卷板机上冷卷而成，卷制过程中要经常用样板检查曲率，卷圆后其纵焊缝处的棱角、径向和纵向错边量应符合技术要求。

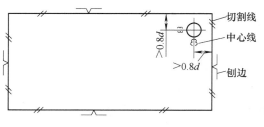

图6-16　筒节划线示意图

　　筒节卷制好后，在进行纵焊缝焊接前应先进行纵焊缝装配，主要是采用螺旋拉紧器等各种工装夹具来消除卷制后出现的质量问题，满足纵焊缝对接时的装配技术要求，保证焊接质量。装配好后即进行定位焊。筒节的纵、环焊缝坡口是在卷制前就加工好的，焊前应注意坡口两侧的清理。

　　筒节纵焊缝焊接的质量要求较高，一般采用先里后外的双面焊。纵焊缝焊接时，一般都应做产品的焊接试板；同时，由于焊缝引弧处和引出处的质量不好，故焊前应在纵焊缝的两端装上引弧板和引出板。图6-17所示为筒节两端装上引弧板、焊接试板和引出板的情况。筒节纵焊缝焊接完后还须按要求进行无损探伤，再经矫圆，满足圆度要求后方可装配焊接。

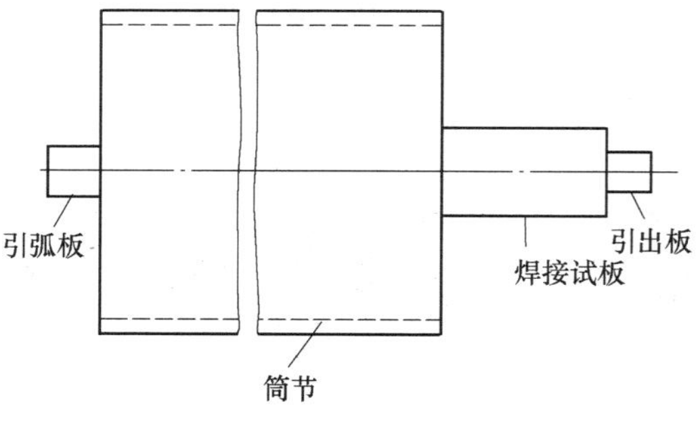

图6-17　筒节两端装上引弧板、焊接试板和引出板的情况

3. 容器的装配

　　容器的装配是指各零部件间的装配，其接管、人孔、法兰、支座等的装配较为简单，下面主要分析筒节与筒体以及封头与筒体之间的环焊缝装配工艺。

　　筒节与筒节之间的环焊缝装配要比纵焊缝装配困难得多，其装配方法有立装和卧装两种。

　　（1）立装　立装适用于直径较大而长度不太长的容器，一般在装配平台或车间地面上进行。装配时，先将一筒节吊放在平台上，然后再将另一节吊装其上，调整间隙后，即沿四周定位焊，依相同方法再吊装上其他筒节。

（2）卧装　卧装一般适用于直径较小而长度较长的容器，多在滚轮架（或 V 形铁）上进行。装配时，先把将要组装的筒节置于滚轮架上，将另一筒节放置于小车式滚轮架上，移动辅助夹具使筒节靠近，端面对齐。当两筒节连接可靠后，将小车式滚轮架上的筒节推到滚轮架上，再装配下一筒节。

筒节与筒节装配前，可先测量周长，再根据测量尺寸采用选配法进行装配，以减少错边量；或在筒节两端内使用径向推撑器，把筒节两端整圆后再进行装配。另外，相邻筒节的纵焊缝应错开一定的距离，其值在周围方向应大于筒节壁厚的 3 倍以上，并且不应小于100mm。

封头与筒体的装配也可采用立装和卧装，当封头上无孔洞时，也可先在封头外临时焊上起吊用吊耳（吊耳与封头材质相同），以便于封头的吊装。立装与前面所述筒节之间的立装相同；卧装时如是小批量生产，一般采用手工装配方法，如图 6-18 所示。装配时，在滚轮架上放置筒体，并使筒体端面伸出滚轮架外 400～500mm 以上，用起重机吊起封头，送至筒体端部，相互对准后横跨焊缝焊接一些刚性不太大的小板，以便固定封头与筒体间的相互位置。移去起重机后，用螺旋压板等将环焊缝逐段对准到适合的焊接位置，再用"Π 形马"横跨焊缝用定位焊固定。批量生产时，一般是采用专门的封头装配台来完成封头与筒体的装配。封头与筒体组装时，封头拼接焊缝与相邻筒体的纵焊缝也应错开一定的距离。

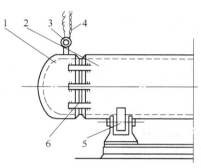

图 6-18　封头装配法

1—封头　2—筒体　3—吊耳　4—吊钩
5—滚轮架　6—Π 形马

4. 容器的焊接

容器环焊缝的焊接一般采用双面焊。采用在焊剂垫上进行双面埋弧焊时，经常使用的环焊缝焊剂垫有带式焊剂垫和圆盘式焊剂垫两种。带式焊剂垫（图 6-19a）是在两轴之间的一条连续带上放有焊剂，容器直接放在焊剂垫上，靠容器自重与焊剂垫贴紧，焊剂垫靠容器转动时的摩擦力带动一起转动，焊接时需要不断添加焊剂。圆盘式焊剂垫是一个可以转动的圆盘装满焊剂，其放在容器下边。圆盘与水平面成 15°角左右，焊剂紧压在工件与圆盘之间，

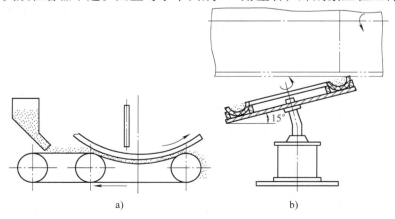

a)　　　　　　　　　　　　　b)

图 6-19　焊剂垫形式

环焊缝位于圆盘最高位置，焊接时容器旋转带动圆盘随之转动，使焊剂不断进入焊接部位，如图 6-19b 所示。

容器环焊缝焊接时，可采用各种焊接操作机进行内外缝的焊接，但在焊接容器最后一条环焊缝时，只能采用手工封底或带垫板的单面埋弧焊。

容器的其他零部件，如人孔、接管、法兰、支座等，一般采用焊条电弧焊焊接。容器焊接完以后，还必须用各种方法进行检验，以确定焊缝质量是否合格。对于力学性能试验、金相分析、化学分析等破坏性试验，是用于对产品焊接试板的检验；而对容器本身的焊缝则应进行外观检查、各种无损探伤、耐压及致密性试验等。凡检验出超过规定的焊接缺陷，都应进行返修，直到确认缺陷已全部清除才算返修合格。

【工程应用实例】

桁架的焊接

桁架是主要用于承受横向载荷的梁类结构，可以用作机器骨架及各种支承塔架，特别在建筑方面尤为广泛，其结构如图 6-20 所示。一般来说，当构件承载小、跨度大时，采用桁架制作的梁具有节省钢材、重量轻、可以充分利用材料的优点。

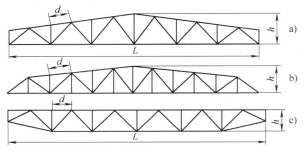

图 6-20　大跨距桁架
a)、b) 建筑桁架　c) 起重机桁架

桁架结构的备料，包括钢材矫正、号料放样、下料切割、成形加工等工序。桁架结构是先装配后焊接。

桁架的装配方法一般有划线装配法、仿形装配法两种。划线装配法是在装配平台上，按实际结构尺寸划线装配，俗称为打地样，也称为地样装配法。仿形装配法主要用于截面及两侧对称的焊接结构。通常是根据地样装配出第一个平面的结构，并予以点固，然后再用它作为底样（即模式），在其上面进行复制装配。

桁架焊接时的主要问题是挠度和扭曲。由于桁架仅对称于其长度中心线，故焊缝焊完后将产生整体挠度；在上下弦杆节点之间，也可能产生小的局部挠度。由于长度大、焊缝不对称等因素也可能产生扭曲。所有这些变形都将影响其承载能力。因此，桁架在装配焊接时，要求支承面要平，尽量在夹固状态下进行焊接。

桁架的焊接方法有两种，即单件焊接法和组合焊接法

1. 单件焊接法

为了保证焊接质量，应采取跳焊法，如图 6-21a 所示，按 1、2、3…，顺序进行焊接。

节点处焊缝密集，焊接应力相当大，故要采取能够分散应力的焊接方法，如图 6-21b 所示。先焊主要焊缝 1、2 和 3、4，然后再焊斜缝 5、6 和 7、8。对于较长的焊缝 1 和 2，最好从中间开始向两端进行焊接。

2. 组合焊接法

把两件桁架对称组合点固在一起，刚性比原来提高了，再按单件焊接法的焊接顺序进行焊接，在焊件完全冷却后，再将焊件分开，这时焊件的变形要比在自由状态下焊接时所发生的变形小得多。

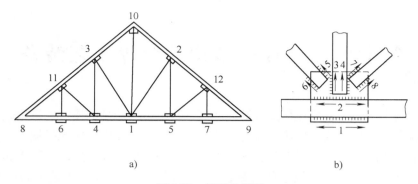

图 6-21　桁架的焊接

a）桁架的焊接顺序　b）桁架节点处焊缝密集的焊接顺序

【职业资格考证训练题】

一、填空题

1. 桥式起重机箱形主梁由_____、_____、_____ 和 _____组成。

2. 压力容器按设计压力可以分为_____、_____、_____ 和_____。

3. 在压力容器标准中，把压力容器受压元件的焊接接头按其所在的位置分为_____、_____、_____和_____四类。

4. 常见的压力容器结构形式有_____形、_____形和_____形三种。

5. 筒体是压力容器最主要的组成部分。当筒体直径较小（＜500mm）时，可用_____制作。当直径较大时，筒体一般用_____后焊接而成。

6. 压力容器的封头有_____、_____、_____、_____和_____等。

二、判断题

1. 桥式起重机的主梁应满足一定的上拱要求，其上挠度 $f_k = L/700 \sim L/1000$（L 为主梁的跨度）。　　　　　　　　　　　　　　　　　　　　　　（　　）

2. 压力容器受压元件的环向接头是 A 类接头。　　　　　　　　　　　　（　　）

3. 由于压力容器筒节与筒节或筒体与封头之间的连接焊缝呈环形，故称为环焊缝。　　　　　　　　　　　　　　　　　　　　　　　　　　　　　　　（　　）

4. 目前广泛采用冲压成形工艺加工压力容器封头。　　　　　　　　　　（　　）

5. 一般低压容器是Ⅱ类容器。　　　　　　　　　　　　　　　　　　　（　　）

6. 容器直径大于 1200mm 时应开设人孔，位于筒体上的人孔一般开成椭圆形，其尺寸为 300mm×400mm。　　　　　　　　　　　　　　　　　　　　　　（　　）

第七单元　焊接结构的装焊工艺装备

在焊接结构生产中，装配和焊接质量的好坏，直接影响产品的质量。采用先进的装焊工艺装备对提高产品质量、减轻焊接工人的劳动强度、加速焊接生产实现机械化、自动化过程等方面起非常重要的作用。装焊工艺装备是指焊接结构装配和焊接生产过程中起配合及辅助作用的装焊夹具、机械装置和设备的总称，简称为焊接工装。装焊工艺装备的分类，见表7-1。

表 7-1　装焊工艺装备的分类

分　类		名　称
装焊夹具		按动力源可分为手动夹具、气动夹具、液压夹具、磁力夹具、真空夹具、组合式夹具
焊接变位机械	焊机变位机械	焊接操作机、电渣焊立架
	焊件变位机械	焊接变位机、焊接回转台、焊接翻转机、焊接滚轮架
	焊工变位机械	焊工升降台
焊接辅助装置	焊件输送装置	上料装置、配料装置、卸料装置、传送装置、吊具等
	其他辅助装置	导电装置、焊剂输送与回收装置、焊丝处理装置、埋弧焊焊剂垫、坡口准备及焊缝清理装置、吸尘及通风设备等

模块一　焊接结构的装焊夹具

装配和焊接夹具（简称为装焊夹具）是将焊件准确定位并夹紧，用于装配和焊接的工艺装备。专门用来装配进行定位焊的夹具称为装配夹具；专门用来焊接焊件的夹具称为焊接夹具；把既能用来装配又能用来焊接的夹具称为装焊夹具。也可把上述几类夹具统称为装焊夹具。

一、装焊夹具的组成及分类

装焊夹具通常由各种定位器、夹紧机构和夹具体组成。除夹具体是根据焊件的结构形式专门设计外，夹紧机构和定位器件多是通用的。

装焊夹具按夹紧机构动力源的种类可分成图7-1所示的六类。装焊夹具若按其结构形式和用途，还可分成通用夹具、专用夹具、单一夹具和组合式夹具等。

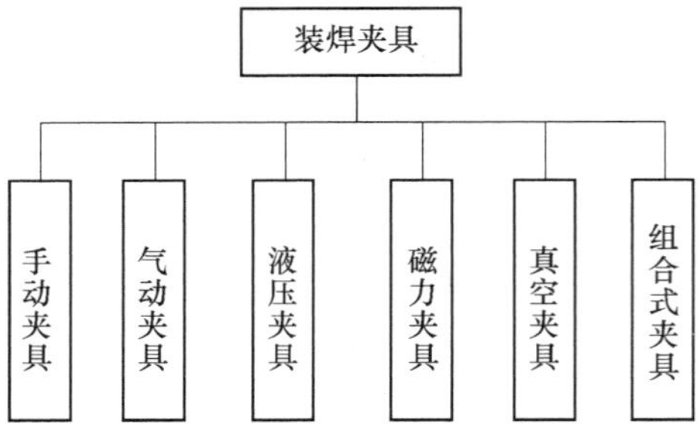

通用夹具一般是由一个夹紧机构组成的简单夹具，具有很强的通用性和再组合性能；专用夹具（或专用胎具）是针对某种产品的装焊需要而设计制作的，具有专一用途。在装焊作业中，通

图 7-1　装焊夹具的分类

常使用专用夹具体、多种夹紧机构及定位器组成的复杂夹具。

二、常用装焊夹具

装焊夹具对焊件的紧固方式有夹紧、压紧、拉紧、顶紧（或撑开）四种，如图 7-2 所示。

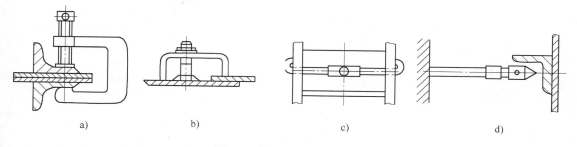

图 7-2　装焊夹具的紧固方式
a）夹紧　b）压紧　c）拉紧　d）顶紧

1. 手动夹具

（1）楔形夹具　楔形夹具的结构，如图 7-3 所示，其主要通过斜面移动所产生的压力来夹紧焊件。用楔条进行装配，方便灵活、速度快。为了确保夹紧焊件，楔条应能自锁，因此对楔条斜面角度有一定要求，一般取 10°～15°。

楔形夹紧有两种形式，如图 7-4 所示。图 7-4a 所示为楔条直接作用于焊件上，这就要求被夹紧焊件的表面平整、光滑。图 7-4b 所示为楔条通过中间元件把作用力传到焊件上，改善了楔条与焊件表面的接触情况。

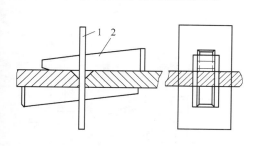

图 7-3　楔形夹具的结构
1—主体　2—楔条

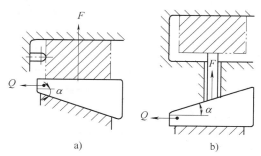

图 7-4　楔形夹紧的两种形式
a）楔条直接作用于焊件　b）楔条通过中间元件作用于焊件

（2）螺旋式夹具　螺旋式夹具是通过螺杆与螺母的相对运动传递外力达到夹紧焊件的目的。它具有夹、压、拉、顶撑等多种功能。

1）螺旋夹紧器。螺旋夹紧器一般由螺杆、螺母和主体三部分组成。为避免螺杆直接压紧焊件而造成焊件表面压伤和产生位移，通常在螺杆的端部装有可以摆动的压块。生产中常见的螺旋夹紧器结构如图 7-5 所示。

2）螺旋拉紧器。螺旋拉紧器是利用丝杠起拉紧作用的，其形式有多种。为了快速作用，常用反向双头螺杆。螺旋拉紧器通常适用于钢板组成的各类结构（如梁、圆筒等）的装配。简单的螺旋拉紧器结构如图 7-6 所示。图 7-7 所示为组合螺旋拉紧器在容器筒体装配中的应用。

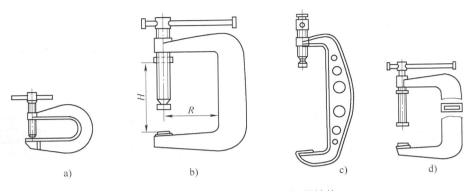

图 7-5　生产中常见的螺旋夹紧器结构

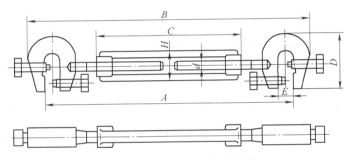

图 7-6　简单的螺旋拉紧器结构

3）螺旋压紧器。螺旋压紧器通常是将支架临时焊固在焊件上，再用丝杠起压紧作用的。图 7-8a 所示为常用的固定螺旋压紧器，在对接板件时借助 L 形铁达到调整钢板高低的目的；图 7-8b 所示为借助 U 形铁达到压紧目的。

4）螺旋推撑器。推撑器的作用与拉紧器相反，是起顶紧或撑开作用，不仅可用于装配中，还可以用于矫正焊件。图 7-9a 所示为最简单的螺旋推撑器，由丝杠、螺母、圆管组成。由于这种螺旋推撑器头部是尖的，不利于保护焊件表面，只适用于顶撑表面精度要求不高的厚板或较大的型钢。如图 7-9b 所示，在丝杠头部增加了活动垫铁，顶压时不会损伤焊件，也不容易

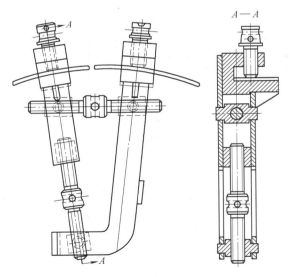

图 7-7　组合螺旋拉紧器在容器筒体装配中的应用

打滑。图 7-9c 所示的螺旋推撑器丝杠，具有正反方向的螺纹，可加快顶、撑动作。图 7-10 所示为由六根螺杆及支撑环组成的螺旋推撑器在容器筒节装配时的应用。

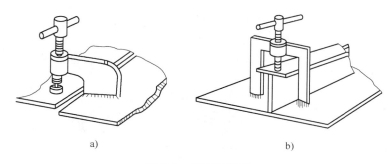

a)　　　　　　　　　　　　b)

图 7-8　螺旋压紧器

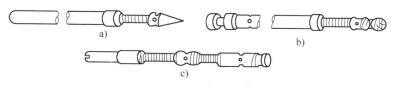

a)　　　　　　　　b)

c)

图 7-9　螺旋推撑器

　　（3）杠杆夹具　杠杆夹具是利用杠杆原理将焊件夹紧的，既能用于夹紧又可用于矫正等。图 7-11a 所示为一个典型的杠杆夹具。当向右拉动手柄时，间隙 s 减小，焊件被夹紧；当向左推动手柄时，焊件被松开。杠杆夹具多与其他结构联合使用，形式很多，图 7-11b 所示为铰链-杠杆夹具。杠杆夹具的特点是夹紧动作迅速，可起到增力的作用，适用于大批生产中。

　　（4）偏心夹具　偏心夹具是利用一种转动中心与几何中心不重合的偏心零件（轮）来实现夹紧的。偏心轮旋转时，在某一方向上，转动中心与轮边缘的距离会发生变化，从而夹紧和松开焊件。偏心夹具的特点是夹紧动作快，制造比较容易，但夹紧力较小，只能用于无振动或振动较小的场合。

　　图 7-12 所示为常见的偏心夹具。图 7-12a 所示钩形压头靠转动偏心轮夹紧作用固定焊件，松脱时依靠弹簧使钩形压头离开焊件复位。为便于装卸焊件，钩形压头可制成转动结构形式。图 7-12b 所示为采用压板同时夹紧两个焊件；松开时，压板被弹簧顶起，并可绕轴旋转卸下焊件。

　　图 7-12c 所示为专用于夹持圆柱表面和管子的偏心夹具，V 形底座用来定位圆管件，转动卡板偏心轮时，即可使焊件方便地卡紧和松开。

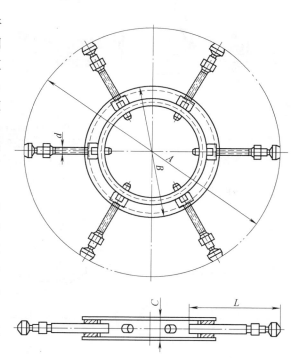

图 7-10　螺旋推撑器在容器筒节装配时的应用

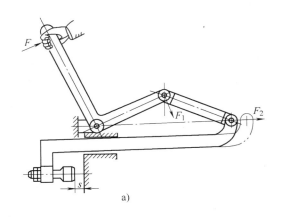

a)

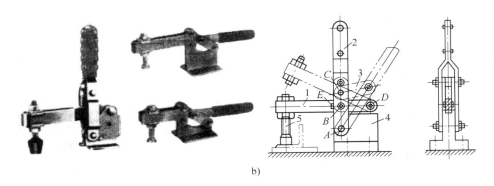

b)

图 7-11　杠杆夹具

1—夹紧杆　2—手柄杆　3—连杆　4—支座（架）　5—螺杆

A、B、C、D、E—活动铰链

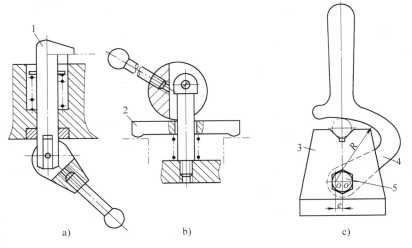

a)　　　　　　　　b)　　　　　　　　c)

图 7-12　常见的偏心夹具

1—钩形压头　2—压板　3—V形底座　4—卡板偏心轮　5—螺栓

2. 气动与液压夹具

气动夹具是以压缩空气为传力介质，推动气缸动作实现夹紧作用。液压夹具是以液压油为传力介质，推动液压缸动作实现夹紧作用。

（1）气动夹具　气动夹具具有夹紧动作迅速（3～4s完成），夹紧力稳定并可调节，结构简单，操作方便，不污染环境及有利于实现程序控制操作等特点。气压装置传动系统的组成包括气源、控制和执行三个部分。气源部分的作用是提供压缩空气。控制部分是用来调整和稳定压缩空气的工作压力、并起安全保护作用，还可控制压缩空气对气缸的进气和排气方向。执行部分主要完成对焊件的夹紧工作。气动夹具的工作原理，如图7-13所示。

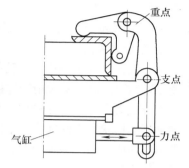

图7-13　气动夹具的工作原理

图7-14所示为几种气动夹具的结构形式及应用示意图。图7-14a所示为气动杠杆夹紧器，特点是采用了固定式气缸形式，活塞杆单向推动杠杆，当气压卸除后夹紧杠杆可在水平面内转动，以便留出较大的装卸空间。图7-14b所示为一种气动斜楔夹紧器，当活塞杆2向上运动时顶起斜楔1，利用双斜面推动左右柱塞3压紧焊件。此类夹紧器主要用于焊件的定心和内夹紧作用。图7-14c所示为气动铰链杠杆夹紧器，其特点是采用了摆式气缸，工作时活塞杆除做直线运动外，还要做弧形摆动。图7-14d所示为气动偏心轮-杠杆夹紧器，其可以通过偏心轮和杠杆的两级增力作用完成对焊件的夹紧。

（2）液压夹具　液压夹具的工作原理与气动夹具相似，是以液压油为传力介质，推动液压缸动作实现夹紧作用。它的优点是：比气动夹具有更大的压紧力，夹紧可靠，工作平稳；缺点是液体容易泄漏，辅助装置多，且维修不便。

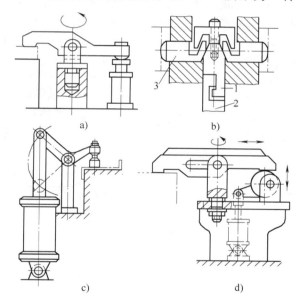

图7-14　几种气动夹具的结构形式及应用示意图
1—斜楔　2—活塞杆　3—柱塞

3. 磁力夹具

磁力夹具是借助磁力吸引铁磁性材料的焊件来实现夹紧的装置。按磁力的来源可分为永磁式和电磁式两种；按工作性质可分为固定式和移动式两种。应用较多的是电磁式磁力夹具。磁力夹具操作简便，而且对焊件表面质量无影响，但其夹紧力通常不是很大。图7-15所示为移动式磁力夹具应用实例。

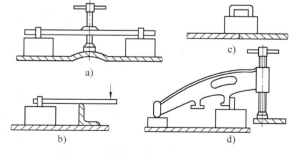

图7-15　移动式磁力夹具应用实例

4. 真空夹具

真空夹具是利用真空泵或以压缩空气为动力的喷嘴所射出的高速气流，使夹具内腔形成真空，借助大气压力将焊件压紧的装置。它适用于夹紧特薄的或挠性的焊件，以及用其他方法夹紧容易引起变形或无法夹紧的焊件。在仪表、电器等小型器件的装焊作业中应用较多。

5. 组合式夹具

组合式夹具在机械化和自动化装焊作业中已起到越来越重要的作用，对于提高焊件的装配精度，缩短装配周期，实现精密焊接等都是不可缺少的工艺装备，其应用正在不断地扩大。

组合式夹具是一种标准化、系列化、通用化程度很高的工艺装备。它是由一套预先制造好的各种不同形状、不同规格、不同尺寸、具有完全互换性的标准元件和组合件，按焊件的加工要求组装而成，是一种可拆卸、又可重新拼装的工装夹具。夹具的各种元件采用键、销和螺栓等紧固件连接，装拆灵活方便。它适用于单件小批量的生产，或要求试装的精密部件的装焊作业。

小 提 示

有时为提高焊件的装配精度、缩短装配和焊接周期、提高生产率，常设计制造专用夹具。所谓专用夹具就是针对某种产品装配和焊接的需要而专门制作的。它的特点是夹具体的结构形状、定位器和夹紧机构的布置只是按所装焊的焊件几何公差考虑的。这种夹具通常用于大批量生产的流水作业线中。

图 7-16 所示为箱形梁的专用夹具。夹具的底座 1 是箱形梁水平定位的基准面，下翼板放在底座上面，箱形梁的两块腹板用电磁夹紧器 4 吸附在立柱 2 的垂直定位基准面上，上翼板放在两腹板的上面，由液压夹紧器 3 的钩头形压板夹紧。箱形梁经定位焊后，由顶出液压缸 5 从下面把焊件往上部顶出。

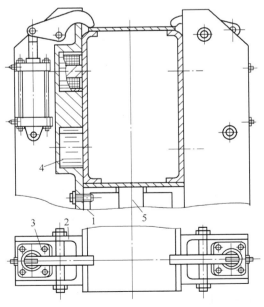

图 7-16　箱形梁的专用夹具

1—底座　2—立柱　3—液压夹紧器　4—电磁夹紧器　5—顶出液压缸

模块二　焊接变位机械

焊接变位机械是改变焊件、焊机或焊工空间位置来完成焊接，特别是机械化、自动化焊接的各种机械装备。焊接变位机械的分类如图 7-17 所示。

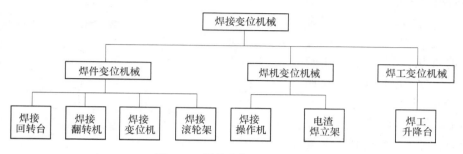

图 7-17　焊接变位机械的分类

使用焊接变位机械可缩短焊接辅助时间，提高劳动生产率，减轻工人劳动强度，保证和改善焊接质量，并可充分发挥各种焊接方法的效能。

> **小　提　示**
>
> 各种焊接变位机械都可单独使用，但在多数场合，焊件变位机械常与焊机变位机械相互配合使用来完成纵焊缝、横焊缝、环焊缝、空间曲线焊缝的焊接以及堆焊作业。焊件变位机械也是机械化、自动化装焊生产线上的重要组成部分。在以弧焊机器人为中心的柔性加工单元（FMC）和加工系统（FMS）中，焊件变位机械也是组成设备之一。在复杂焊件焊接和要求施焊位置精度较高的焊接作业中都需要焊件变位机械的配合才能完成其作业。

一、焊件变位机械

焊件变位机械是在焊接过程中改变焊件空间位置，使其有利于焊接作业的各种机械装备。根据功能不同，焊件变位机械可分为焊接回转台、焊接翻转机、焊接变位机和焊接滚轮架四类。

1. 焊接回转台

焊接回转台是将焊件绕垂直轴或倾斜轴回转的焊件变位机械，主要用于回转体焊件的焊接、堆焊或切割。图 7-18 所示为常用焊接回转台。其中图 7-18a 所示为最常用的固定式电动回转台，工作台转速均匀可调；图 7-18b 所示为一种中小型可移动式回转台，载重量在 500kg 左右，工作台面也是水平的；图 7-18c 所示为一种回转轴倾角在一定范围内可调的小型回转台，用于小件焊接。

2. 焊接翻转机

焊接翻转机是将焊件绕水平轴转动或倾斜，从而使之处于有利于装焊位置的焊件变位机械，主要用于梁、柱、框架等结构的焊接。焊接翻转机的种类较多，常见的有头尾架式、框架式、转环式、链条式、推拉式等。

图 7-19 所示为一种典型的头尾架式翻转机。在头架 1 的枢轴上装有工作台 2、卡盘 3 或专用夹紧器。头架为固定式安装驱动机构，可以按翻转或焊接速度转动，并且能自锁于任何位置，以获得最佳焊接位置。尾架台车 6 可以在轨道上移动，枢轴可以伸缩，便于调节卡盘与焊件间的位置。该翻转机最大载重量为 4t，加工焊件直径 1300mm。头尾架式翻转机的不足之处是焊件由两端支承，翻转时在头架端要施加扭转力，因而不适合于刚性小、易挠曲的焊件。安装使用时应注意，使头尾架的两端枢轴在同一轴线上，以减小扭转力。对于较短焊件的装配和焊接，可不用尾架，而单独使用头架固定翻转。

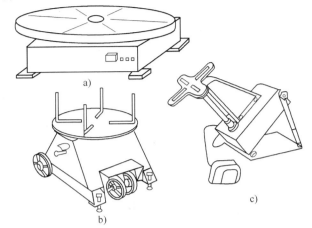

图 7-18　常用焊接回转台
a) 固定式电动回转台　b) 可移动式回转台
c) 倾角可调式回转台

3. 焊接变位机

焊接变位机是在焊接作业中将焊件回转并倾斜，使焊件上的焊缝置于有利于施焊位置的焊件变位机械。它主要应用于框架形、箱形、盘形和其他非长形结构的翻转变位焊接，如减速器箱体、机座、齿轮、法兰、封头等。根据结构形式和承载能力的不同，焊接变位机有伸臂式、座式、双座式等类型。图 7-20 所示为伸臂式焊接变位机。图 7-21 所示为座式焊接变位机。

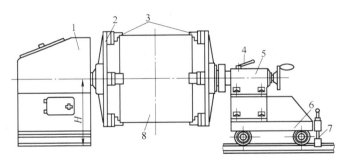

图 7-19　头尾架式翻转机
1—头架　2—工作台　3—卡盘　4—锁紧装置　5—调节装置
6—尾架台车　7—制动装置　8—焊件

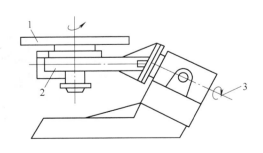

图 7-20　伸臂式焊接变位机
1—工作台　2—旋转伸臂　3—转轴

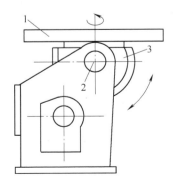

图 7-21　座式焊接变位机
1—工作台　2—转轴　3—扇形齿轮传动装置

4. 焊接滚轮架

焊接滚轮架是借助主动滚轮与焊件之间的摩擦力带动筒形焊件旋转的焊件变位机械。它主要应用于筒形焊件的装配和焊接。根据产品需要，适当调整主、从动滚轮的高度，还可进行锥体、分段不等径回转体的装配和焊接。焊接滚轮架按结构形式不同有长轴式滚轮架、组合式滚轮架、自调式滚轮架等类型。

图 7-22 所示为长轴式滚轮架。滚轮沿两平行轴排列，主动滚轮布置在一侧，从动滚轮布置在另一侧。为适应不同直径筒体的焊接，从动滚轮与主动滚轮之间的距离可以调节。由于支承的滚轮较多，适用于长度大的薄壁筒体，而且筒体在回转时不易打滑，能较方便地对准两节筒体的环焊缝。此种滚轮架的不足之处是设备位置固定、占地面积较大。

组合式滚轮架由两个滚轮支承在同一基座上组成滚轮架，可根据焊件的重量和长度由两架或多架任意组合，其组合比例也不仅是 1∶1 的组合。因此它使用方便、灵活，对焊件的适应性强，是当今应用最广泛的结构形式。

为了焊接不同直径的焊件，可根据焊件直径自动调整滚轮的中心距，这就是自调式滚轮架。图 7-23 所示为自调式滚轮架实物图。

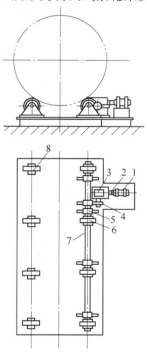

图 7-22　长轴式滚轮架

1—电动机　2—联轴器　3—减速器　4—齿轮对
5—轴承　6—主动滚轮　7—公共轴　8—从动滚轮

图 7-23　自调式滚轮架实物图

二、焊机变位机械

焊机变位机械是改变焊接机头空间位置进行焊接作业的机械设备。它主要包括焊接操作机和电渣焊立架。

1. 焊接操作机

它是能将焊接机头（焊枪）准确送到待焊位置，并保持在该位置或以选定焊速沿设定轨迹移动的变位机械。焊接操作机常与焊件变位机械相配合，完成各种焊接作业。

（1）平台式操作机　图 7-24 所示为平台式操作机，焊机放置在操作平台上，可在操作平台上移动；操作平台安装在立架上，能沿立架升降；立架坐落在台车上，可沿轨道运行。这种操作机的作业范围大，主要应用于外环焊缝和外纵焊缝的焊接。

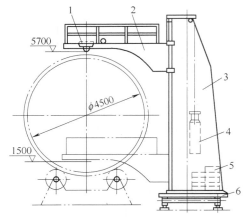

图 7-24　平台式操作机
1—焊机　2—操作平台　3—立架
4—配重　5—压重　6—台车

平台式操作机又分为单轨式和双轨式两种。平台式操作机的机动性、使用范围和用途均不如伸缩臂式操作机，在国内的应用已逐年减少。

（2）悬臂式操作机　悬臂式操作机如图 7-25 所示。它一般是利用悬臂的伸出长度来焊接容器的内纵焊缝和内环焊缝。悬臂上安装有专用轨道，焊机在上行走可焊接内纵焊缝。若焊机固定，而让容器回转则可焊接内环焊缝。

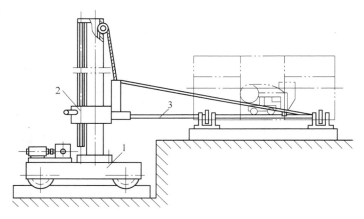

图 7-25　悬臂式操作机
1—行走台车　2—升降机构　3—悬臂

（3）伸缩臂式操作机　伸缩臂式操作机如图 7-26 所示。该操作机具有可以随台车移动、绕立柱回转，伸缩臂水平伸缩与垂直升降四个运动；并且伸缩臂能以焊接速度运行，与变位机、滚轮架配合可以完成各种工位上内外环焊缝和内外纵焊缝的焊接；在伸缩臂的一端还可安装割炬、磨头、探头等工作机头，完成切割、打磨和探伤等作业，机动性强，作业范围大。

（4）门架式操作机　门架式操作机是将焊机安装在门架横梁上，焊件置于横梁下面，门架跨越整个焊件。门架式操作机可以完成三个方向的运动，即门架自身沿轨道的运动、横梁的升降运动和焊机沿横梁的移动。图 7-27 所示为一种焊接容器用的门架式操作机，它与焊接滚轮架配合可以完成容器外纵焊缝、外环焊缝的焊接。门架式操作机结构庞大，在船厂和大型金属结构厂应用较多。

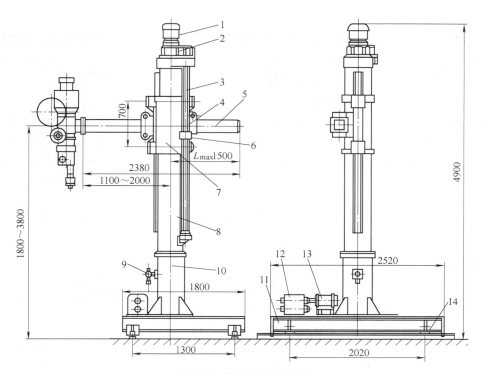

图 7-26　伸缩臂式操作机

1—升降电动机　2、12—减速器　3—丝杠　4—导向装置　5—伸缩臂　6—螺母　7—滑座
8—立柱　9—定位器　10—柱套　11—台车　13—行走电动机　14—走轮

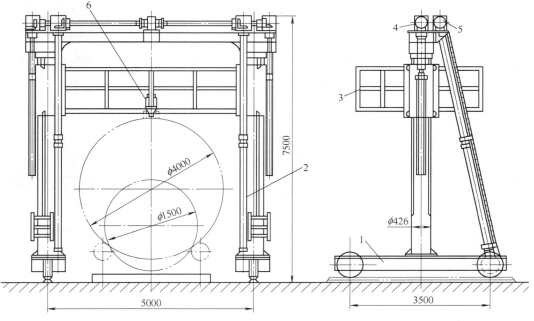

图 7-27　一种焊接容器用的门架式操作机

1—走架　2—立柱　3—平台式横梁　4、5—电动机　6—焊机

2. 电渣焊立架

在焊接生产中，许多厚板材的拼接以及厚板结构的焊接常采用电渣焊方法。电渣焊立架是将电渣焊机连同焊工一起按焊速提升的装置，主要用于立焊缝的电渣焊。若与焊接滚轮架配合，它也可用于环焊缝的电渣焊。如图 7-28 所示，焊机 1 沿着导轨 2 上升，操作人员在工作架 4 上，工作架沿立柱 3 与焊机同步上升，整套装置由下面小车 5 支承，小车可以行走。

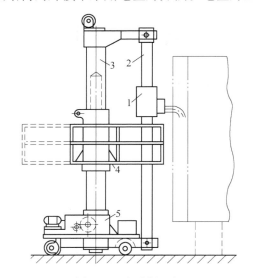

图 7-28 电渣焊立架

1—焊机 2—导轨 3—立柱 4—工作架 5—小车

三、焊工变位机械

焊工变位机械是改变焊工空间位置，使之在最佳高度进行作业的设备。它主要用于高大焊件的手工、机械化焊接，也用于装配和其他需要登高作业的场合。焊工变位机械又称为焊工升降台，施工时将焊工连同焊机或切割设备输送到作业位置。图 7-29 所示为移动式液压焊工升降台。图 7-30 所示为铰链式焊工升降台。

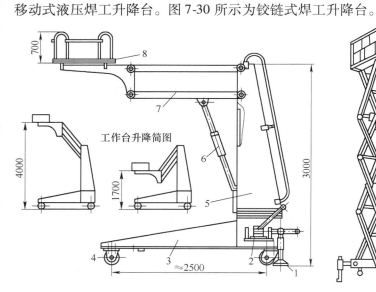

图 7-29 移动式液压焊工升降台

1—支承装置 2—手动液压泵 3—底座
4—走轮 5—立架 6—柱塞液压泵
7—转臂 8—工作台

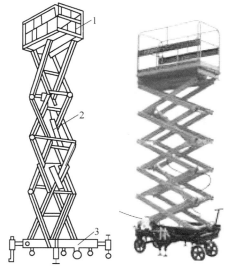

图 7-30 铰链式焊工升降台

1—工作台 2—推举液压缸 3—底座

为了保证焊工的人身安全，焊工升降台设计系数均在 5 以上，并在工作台上设置护栏，台面铺设木板或橡胶绝缘板，整体结构有很好的刚性和稳定性。在最大载荷时，无论工作台位于作业空间的任何位置，升降台不得发生颤抖和整体倾覆。焊工升降台的载重量一般为

250～500kg，工作台最低高度为1.2～1.7m，最大高度为4～8m，台面有效工作面积为1～3m²。焊工升降台的底座下方，均设有走轮，靠拖带移动，工作时利用撑脚承载。

模块三　焊接辅助装置与焊接机器人

一、焊接辅助装置

焊接辅助装置包含内容相当广泛，除焊剂垫、焊剂输送与回收装置、焊丝处理装置外，开坡口机、清焊根机、打磨工具、通风设备、专用吊具以及各种防护设备均属于焊接辅助装备。

在采用埋弧焊时，为防止背面烧穿或使背面成形，在焊缝背面使用焊剂垫，衬垫可以是纯铜的、石墨的，也可以是焊剂的，最常用的是焊剂的。焊剂输送与回收装置是输送和回收焊剂的装置，使用它可以减轻工人的劳动强度，有利于文明生产，也便于实现焊接生产的机械化和自动化。焊剂输送与回收装置按用途分，有回收器、输送器和回收输送器三种，其中以回收输送器应用广。焊丝处理装置包括焊丝的去油、去锈、去污以及焊丝的盘绕等装置，这些装置一般由使用单位根据情况自制。

二、焊接机器人

焊接制造由于其工艺的复杂性、劳动强度、产品质量、批量等要求，使得焊接工艺对于自动化、机械化的要求极为迫切，于是机器人焊接应运而生。焊接机器人就是在焊接生产中部分地取代人的功能，能完成一连串复杂动作的可编程序的焊接操作设备。焊接机器人（图7-31）是工业机器人大家族中的"望族"，在各国工业机器人应用比例中占总数的40%～50%。

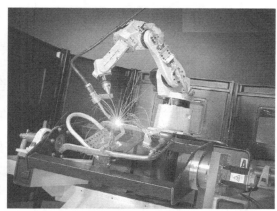

图7-31　焊接机器人

1. 焊接机器人的组成及分类

（1）焊接机器人的组成　典型的焊接机器人由四个部分组成。

1）执行系统。它又称为机器人本体，包括机器人手部、臂部、机身和机器人移动机构等。

2）控制系统。它包括控制柜、示教盒和再现盒等。控制柜中装有运动控制装置、位置检测装置及伺服驱动装置等。

3）焊接系统。它包括焊接电源、送丝机构和焊枪或焊钳等。

4）配套工艺装备。它包括转胎和变位机等。

（2）焊接机器人的分类　焊接机器人按用途分为弧焊机器人和点焊机器人。

弧焊机器人一般较多采用熔化极气体保护焊（MIG 焊，MAG 焊，CO_2 焊）或非熔化极气体保护焊（TIG 焊，等离子弧焊）方法。它在运动过程中的速度的稳定性和轨迹精度是两项重要指标。一般情况下，焊接速度取 5～50mm/s，轨迹精度为 ±（0.2～0.5）mm。由于焊枪的姿态对焊缝质量有一定影响，因此希望在跟踪焊道的同时，焊枪姿态的可调范围尽量大。一台 MIG/MAG/CO_2 焊机器人的基本组成如图 7-32 所示。

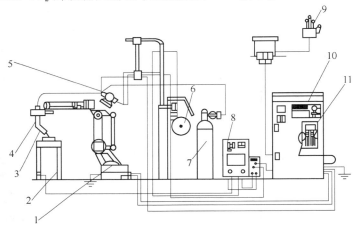

图 7-32　一台 MIG/MAG/CO_2 焊机器人的基本组成

1—弧焊机器人　2—工作台　3—焊枪　4—防撞传感器
5—送丝机　6—焊丝盘　7—气瓶　8—焊接电源
9—三相电源　10—机器人控制柜　11—编程器

汽车工业是点焊机器人一个典型的应用领域，在装配每台汽车车体时，大约60%的焊点是由机器人完成的。点焊机器人的作业性能具体来说有安装面积小，工作空间大；快速完成小节距的多点定位（如每 0.3～0.4s 移动 30～50mm 节距后定位）；定位精度高（±0.25mm），以确保焊接质量；持重大（50～100kg），以便携带内装变压器的焊钳；内存容量大，示教简单，节省工时；点焊速度与生产线速度相匹配，同时安全、可靠性好。

2. 焊接机器人的应用

焊接机器人虽然有五六个自由度，其焊枪可达作业范围内的任意点对焊件施焊，但在实际操作中，对于一些结构复杂的焊件，如果不适时变换位置，就可能和焊枪发生结构干涉，使焊枪无法沿设定的路径进行焊接。另外为了保证焊接质量，提高生产率，往往要把焊缝调整到水平、船形等最佳位置进行焊接。因而，焊接机器人应用中几乎都是配备了焊件变位机械才实施焊接的，其中以翻转机、变位机和回转台居多。图 7-33 所示为焊接机器人与两工位回转台配合使用。

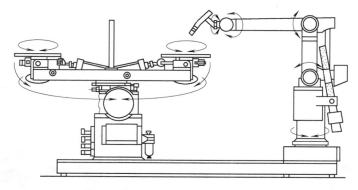

图 7-33　焊接机器人与两工位回转台配合使用

【工程应用实例】

焊接变位机械的应用

在装配和焊接生产中，焊接变位机械获得了广泛的应用。在很多场合，特别是在批量较大的装配和焊接生产中，各种焊接变位机械都是组合使用的。这种组合可能是为某种专一产品服务的，也可能是为具有同一焊缝形式的不同产品服务的。组合形式多种多样，根据产品的生产工艺要求确定。采用这种组合后，能充分发挥各种焊接机械的作用，提高装配和焊接作业的机械化水平，使装焊作业高效率地进行。

图 7-34 所示为焊接操作机与焊接滚轮架配合进行筒体外环焊缝的焊接。图 7-35 所示为焊接操作机与焊接滚轮架配合进行筒体内环焊缝的焊接。图 7-36 所示为焊接操作机与焊接回转台配合进行焊接。图 7-37 所示为焊接机器人与焊接回转台配合进行焊接。

图 7-34　焊接操作机与焊接滚轮架配合进行筒体外环焊缝的焊接

图 7-35　焊接操作机与焊接滚轮架配合进行筒体内环焊缝的焊接

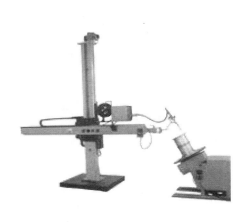

图 7-36　焊接操作机与焊接
回转台配合进行焊接

图 7-37　焊接机器人与焊接
回转台配合进行焊接

【职业资格考证训练题】

一、填空题

1. 装配和焊接工艺装备分为_____、_____和_____ 三类。

2. 装焊夹具通常由_____、_____和_____ 组成。

3. 装焊夹具按夹紧机构动力源的种类可分为_____、_____、_____、_____、_____和_____六类。

4. 螺旋夹紧器一般由_____、_____和_____ 组成。

5. 偏心夹具是利用转动中心与几何中心_____的偏心零件（轮）来实现夹紧的。

6. 焊接变位机械分为_____、_____和_____ 三类。

7. 焊件变位机械按功能不同，可分为_____、_____、_____和_____四类。

8. 焊接操作机主要有_____、_____、_____和_____四种。

9. 焊工变位机械是改变焊工_____，使之在最佳高度进行作业的设备。焊工变位机械又称为_____。

10. 典型的焊接机器人由_____、_____、_____和_____四部分组成。

二、判断题

1. 装焊夹具对焊件的紧固方式有夹紧、压紧、拉紧和扭紧四种。　　　　　　（　　）

2. 磁力夹具是借助磁力吸引非铁磁性材料的焊件来实现夹紧的装置。　　　　（　　）

3. 焊件变位机械是在焊接过程中改变焊机空间位置，使其有利于焊接作业的各种机械装备。　　　　　　　　　　　　　　　　　　　　　　　　　　　　　　　（　　）

4. 焊接滚轮架是借助主动滚轮与焊件之间的摩擦力带动筒形焊件旋转的焊件变位机械。

（　　）

5. 焊机变位机械是改变焊接机头空间位置进行焊接作业的机械设备。　（　　）

6. 焊工变位机械的作用是施焊时将焊工连同焊机或切割设备输送到作业位置。（　　）

7. 焊剂垫、焊剂输送与回收装置、焊丝处理装置、开坡口机、清焊根机、打磨工具、通风设备、专用吊具以及各种焊机均属于焊接辅助装备。　（　　）

8. 焊接机器人就是在焊接生产中部分地取代人的功能，能完成一连串复杂动作的、可编程序的焊接操作设备。　（　　）

第八单元　焊接结构制造的组织与安全技术

科学的焊接结构制造的组织形式、良好的焊接结构制造过程的管理以及采取正确的安全生产和劳动保护措施是保证焊接结构制造质量的前提和基础。本单元主要介绍焊接结构制造的组织形式、焊接车间的组成与平面布置、焊接结构制造的质量管理和安全技术等知识。

模块一　焊接结构制造的组织

焊接结构制造的组织包括制造的空间组织与时间组织。焊接车间的空间组织和时间组织形式是科学、合理组织焊接车间制造过程的重要环节，可使焊接制造对象在制造生产过程中尽可能达到制造生产过程连续、提高劳动生产率、提高设备利用率和缩短生产周期的要求。

一、焊接结构制造的空间组织

焊接制造过程的空间组织，包括焊接车间由哪些生产单位（工段）组成及其布置生产单位组成所采取的专业化形式及平面布置等内容。

车间生产单位组成的专业化形式，对车间内部各工段之间的分工与协作关系、组织计划的方式与设备、工艺的选择等方面的工作都有重要的影响。

专业化形式主要有两种，即工艺专业化形式和对象专业化形式。

1. 工艺专业化形式

工艺专业化形式就是按工艺工序或工艺设备相同性的原则来建立生产工段。按这种原则组成的生产工段称为工艺专业化工段，如材料准备工段、机械加工工段、装配和焊接工段、热处理工段等，如图 8-1 所示。

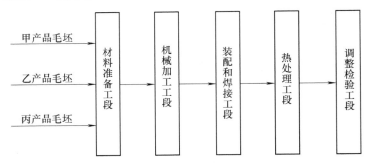

图 8-1　工艺专业化工段示意图

工艺专业化工段内集中了同类设备和同工种工人，加工方法基本相同，而加工对象则有多样化的特点。

（1）工艺专业化工段的优点

1）对产品变动有较强的应变能力。当产品发生变动时，生产单位的生产结构、设备布置、工艺流程不需要重新调整，就可适应新产品生产过程的加工要求。

2）能够充分利用设备。同类或同工种的设备集中在一个工段，便于互相调节使用，提高了设备的负荷率，保证了设备的有效使用。

3）便于提高工人的技术水平。工段内工种具有工艺上的相同性，有利于工人之间交流操作经验和相互学习工艺技巧。

（2）工艺专业化工段的缺点

1）一个焊接制品要经过几个工段才能实现全部生产过程，因此加工路线较长，必然造成运输量的增加。

2）生产周期长，在制品增多，导致流动资金占有量增加。

3）工段之间相互联系比较复杂，增加了管理工作的协调内容。

工艺专业化形式适用于小单件、小批量产品的生产。

2. 对象专业化形式

对象专业化形式是以加工对象相同性作为划分生产工段的原则。加工对象可以是整个产品的焊接，也可以是一个部件的焊接。按这种原则建立起来的工段称为对象专业化工段，如梁柱焊接工段、管道焊接工段、储罐焊接工段等。

在对象专业化工段中要完成加工对象的全部或大部分工艺过程，这种工段又称为封闭工段。在该工段内，集中了制造焊接产品整个工艺过程所需的各种设备，并集中了不同工种的工人，如图 8-2 所示。

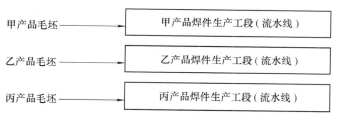

图 8-2　对象专业化工段示意图

（1）对象专业化工段的优点

1）由于加工对象固定，品种单一或只有尺寸规格的变化，生产量大，可采用专用的设备和工、夹、量具，故生产率高。

2）便于选用先进的生产方式，如流水线、自动线等。

3）加工对象在同一工段内完成全部或者大部分工艺过程，因而加工路线较短，减少了运输的工作量。

4）加工对象生产周期短，减少了在制品的占有量，加速了流动资金的周转。

（2）对象专业化工段的缺点

1）由于对象专业化工段的设备是封闭在本工段内，为专门的加工对象使用，不与其他工段调配使用，不利于设备的充分利用。

2）对象专业化工段使用的专用设备及工、夹、量具是按一定的加工对象进行选择和布置的，因此很难适应品种的变化。

二、焊接结构制造的时间组织

焊接制造过程的时间组织，主要反映加工对象在生产过程中各工序之间移动方式这一特点上。加工对象的移动方式可分为三种，即顺序移动方式、平行移动方式及平行顺序移动方式，见表 8-1。

表 8-1　加工对象的移动方式

移动方式	图例	移动方式计算式	说明
顺序移动方式	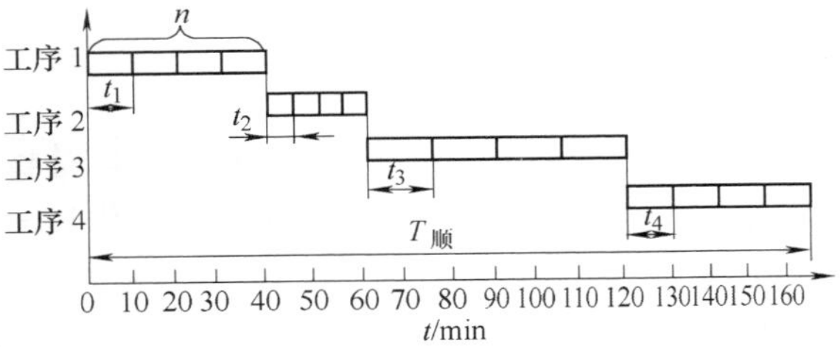	$T_{顺} = n\sum\limits_{i=1}^{m} t_i$	$T_{顺}$——生产周期 n——加工批量 m——工序数 t_i——第 i 工序单件工时
平行移动方式	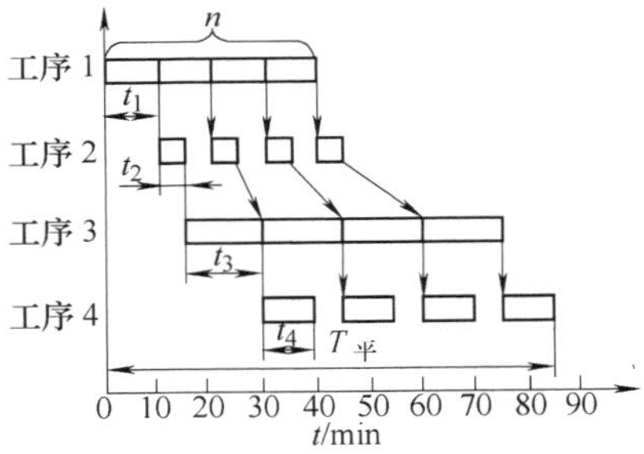	$T_{平} = \sum\limits_{i=1}^{m} t_i + (n-1)t_{长}$	$T_{平}$——生产周期 $t_{长}$——各工序中最长的工序单件工时
平行顺序移动方式	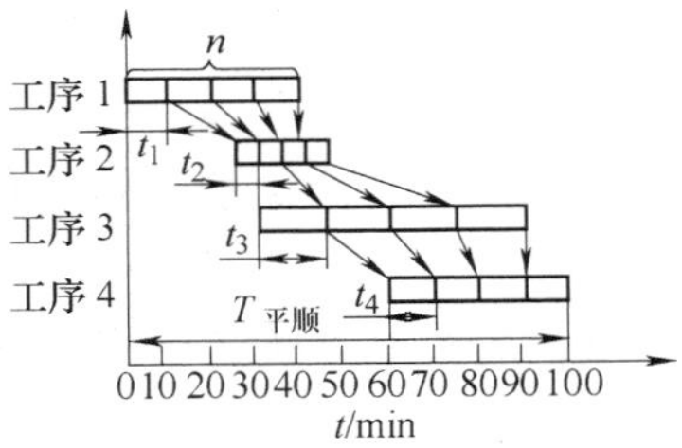	$T_{平顺} = n\sum\limits_{i=1}^{m} t_i -$ $(n-1)\sum\limits_{i=1}^{m-1} t_{i短}$	$T_{平顺}$——生产周期 $t_{i短}$——每一相邻两工序中工序时间较短的单件工时

1. 顺序移动方式

顺序移动方式是一批制品只有在前道工序全部加工完成之后才能整批地转移到下道工序进行加工的生产方式。采用顺序移动方式时，一批制品经过各道工序的加工时间称为生产周期。

例 8-1　设加工批量 $n=4$ 件，经过工序数 $m=4$。各道工序单件工时分别为 $t_1=10\text{min}$，$t_2=5\text{min}$，$t_3=15\text{min}$，$t_4=10\text{min}$，假设工序间其他时间，如运输、检查、设备调整等时间忽略不计，则生产周期为

$$T_{\text{顺}} = n\sum_{i=1}^{m} t_i = 4\times（10+5+15+10）\text{min} = 160\text{min}$$

可以看出，按顺序移动方式进行生产过程组织，就设备开动与工人操作而言，是连贯的，并不存在间断的时间，同时各工序也是按此顺次进行的。但是，就每一个制品而言，还没有做到本工序加工完后立即向下一工序转移连续加工，存在着工序等待，因此生产周期较长。

2. 平行移动方式

平行移动方式是当前道工序加工完成每一制品后立即转移到下一道工序进行加工，工序间制品的传递不是整批的，而是以单个制品为单位分别地进行，从而工序之间形成平行作业状态。

例 8-2　将例 8-1 中数据代入平行移动方式计算式，得出的生产周期为

$$T_{\text{平}} = \sum_{i=1}^{m} t_i + （n-1）t_{\text{长}} = （10+5+15+10）\text{min} + （4-1）\times15\text{min} = 85\text{min}$$

可以看出，平行移动方式较顺序移动方式生产一批制品周期大为缩短，后者为 160min，而前者为 85min，共缩短了 75min。但由于前后相邻工序作业时间不等，当后道工序加工时间小于前道工序时，就会出现设备和工人在工作中产生停歇时间，不利于设备和工人有效工时的利用。

3. 平行顺序移动方式

顺序移动方式可保持工序连续性，但生产周期比较长；平行移动方式虽然缩短了生产周期，但某些工序不能保持连续进行。平行顺序移动方式是在综合两者优点、排除两者缺点的基础上产生的。

平行顺序移动方式，就是一批制品每道工序都必须保持既连续，又与其他工序平行地进行作业的一种移动方式。为了达到这一要求，可分为两种情况加以考虑：第一种情况，当前道工序的单件工时小于后道工序的单件工时时，每个制品在前道工序加工完之后可立即向下一道工序传递，后道工序开始加工后，便可保持加工的连续性；第二种情况，当前道工序的单件工时大于后道工序的单件工时时，则要等待前一工序完成的制品数足以保证后道工序连续加工时，才传递至后道工序开始加工。

为了求得 $t_{i\text{短}}$，必须对所有相邻工序的单件工时进行比较，选取其中较短的一道工序的单件工时，比较的次数为（$m-1$）次。

例 8-3　现仍用例 8-1 数据，按平行顺序移动方式计算生产周期，即

$$T_{\text{平顺}} = n\sum_{i=1}^{m} t_i - （n-1）\sum_{i=1}^{m-1} t_{i\text{短}} = 160\text{min} - （4-1）（5+5+10）\text{min} = 100\text{min}$$

从计算结果可以看出，平行顺序移动方式的生产周期比平行移动方式长，比顺序移动方式短，但它的综合效果比较好。

采用哪种移动方式，可根据生产实际情况权衡优劣。一般考虑的因素有加工批量多少、

加工对象尺寸、工序时间长短及生产过程空间组织的专业化形式等。凡批量不大、工序时间短、制品尺寸较小及生产单位按工艺专业化形式组织时，以采用顺序移动方式为宜；反之，那些批量大、工序时间长、加工对象尺寸较大以及生产单位是按对象专业化形式组织时，则宜采用平行移动或平行顺序移动方式较好。为了研究问题方便，计算三种移动方式的生产周期时忽略了某些影响生产周期的因素。在生产实际中，制订生产周期时，要全面考虑各种因素。

　　焊接结构件的制造生产周期 T，是指从原材料投入生产到结构成形出厂的日历时间。周期的长度包括材料准备周期 $T_准$、加工周期 $T_加$、装配周期 $T_装$、焊接周期 $T_焊$、修理调整周期 $T_调$、自然时效周期 $T_自$、检查时间 $T_检$、工序运输时间 $T_运$ 和工序间在制品的存放时间 $T_存$，即 $T = T_准 + T_加 + T_装 + T_焊 + T_调 + T_自 + T_检 + T_运 + T_存$。

模块二　焊接车间的组成与平面布置

一、焊接车间的组成

　　焊接车间一般由生产部门、辅助部门和行政管理部门及生活间等组成。

1. 生产部门

　　（1）工段和小组成立原则　车间生产组织既要精兵简政，又要利于生产管理。一般车间年产量在 5000t 以上，工人 300 人以上，应成立工段一级。每一工段人数在 100～200 人。少于以上年产量和人数的车间，一般只成立小组，每小组人数最好在 10～30 人。

　　（2）工段和小组的划分　工段和小组常按工艺性质划分。工段有备料加工工段、装配工段、焊接工段、检验试验工段和涂装包装工段等。如成立小组则可为备料加工小组、装配小组、焊接小组、检验试验小组和涂装包装小组等。

2. 辅助部门

　　它主要依据车间规模大小、类型、工艺设备以及协作情况而定，一般包括计算机房（负责数控程序的编制）、样板间和样板库、水泵房或油泵库、油漆调配室、机电修理间、工具分发室、焊接试验室、焊接材料库、金属材料库、中间半成品库、胎夹具库、辅助材料库、模具库和成品库。

3. 行政管理部门及生活间

　　行政管理部门及生活间包括车间办公室、技术科（组、室）、会议室、资料室、更衣室、盥洗室、休息室（或餐室）等。

　　车间平面布置，就是将上述车间各个生产工段、作业线、辅助生产用房、仓库及服务生活设施等按照它们的作用和相互关系既有利于生产，又便于管理来进行配置。这种配置包括产品从毛坯到成品所应经历的路线、各工段的作用和所处位置、各种设备和工艺装备的具体配置、起重运输线路及设备的排列安置等。这是焊接车间设计工作中重要的组成部分。

二、焊接车间的平面布置

　　车间平面布置就是将上述车间所有的生产部门、辅助部门等有机而合理的布置。车间平面布置一般分为两大类，一类是注重产品，另一类是注重生产工艺。对大量、长期生产的标准化产品，一般注重产品；当加工非标准化产品或加工量不很大，即单件小批量生产性质，需要有一定的灵活性，一般将重点放在产品加工必需的各个工位上。总之，理想的车间布置应该以最低的成本，获取最快、更方便的物流，充分满足各部门的要求，既有利于生产，便于管理，又适应发展。

1. 车间平面布置的基本原则

车间平面布置与采用的工艺方法及批量大小有很密切的关系，在平面布置时应使工艺路线尽量成直线进行，避免零部件在车间内发生迂回现象。

（1）车间工艺路线的选择原则

1）合理布置封闭车间内（即产品基本上在本车间完成）各工段与设备的相互位置，应使运输路线最短，没有倒流现象。

2）对散发有害物质、产生噪声的地方和有防火要求的工段、作业区，应布置在靠外墙的一边并尽可能隔离，以保证安全卫生、环境保护和文明生产。

3）主要部件的装配-焊接生产线的布置，应使部件能经最短的路线运到装配地点，生产线的流向应与工厂总平面图基本流水方向相一致。

4）应根据生产方式划分成专业化的部门和工段，经济合理地选用占地面积和建筑参数，并对长远的发展有一定的适应性。

5）辅助部门（如工具室、试验室、修理室、办公室等）应布置在总生产流水线的一边，即在边跨内。充分考虑车间的采光、通风因素。

（2）车间布置方案的基本形式　目前金属结构车间布置方案的基本形式大致分为纵向布置、迂回布置、纵横向混合布置等。

（3）车间设备和运输通道布置原则

1）车间设备布置原则。

①设备布置必须满足车间生产流水线和工艺流向的要求。

②在布置大型设备时，其基础一般应该避开厂房基础。

③设备离开柱子和墙的距离，除满足工艺要求操作方便、安全外，还要考虑设备安装和修理时起重机能够吊到。

④对有方向性的设备，必须严格满足进出料方向的要求。

⑤除保证设备操作互不干扰外，还必须满足两台经常需要起重机的设备同时使用起重机的可能性。

⑥大型稀有设备，如大型液压机、压力机、旋压机等，必须考虑布置和面积，应充分发挥其生产能力，提高经济效益。

2）运输通道布置原则。

①为了减少铁路和弯道占用面积，金属材料库和成品库进出铁路线应尽可能合为一条铁路线，规模较大的车间也可以分开设置。

②铁路进入车间和仓库的方向，应尽可能符合长材料和成品不转弯的原则。

③铁路及平车轨道的位置和长度，应保证可以使用两台起重机装卸的可能。

④无轨运输时，车间内的纵向，横向通道应尽可能保持直线形式。

⑤车间内的运输通道应在起重机吊钩可以达到的正常范围。

2. 车间的平面布置形式

平面布置主要根据车间规模、产品对象、总图位置等情况加以确定，其基本形式可分为纵向布置、迂回布置、纵横向混合布置等。

（1）纵向生产线平面布置　纵向生产线平面布置方案，如图 8-3a 所示。车间工艺路线为纵向生产线方向。这种方式是通用的，即车间内生产线的方向与工厂总平面图上所规定的方向一致，或者是产品生产流动方向与车间长度同向。它的工艺路线紧凑，空运路程最少，备料和装焊同跨布置，但两端有仓库限制了车间在长度方向的发展。

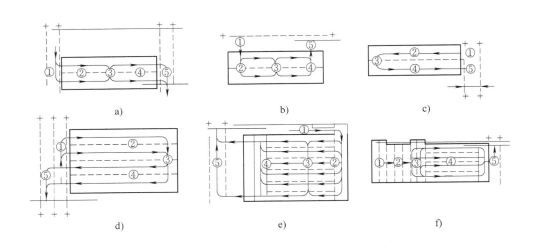

图 8-3　车间的平面布置方案

1—原材料库　2—备料工段　3—中间仓库　4—装焊工段　5—成品仓库

图 8-3b 所示为纵向生产线平面布置的另一种方案，只是仓库布置在车间一侧。室外仓库与厂房柱子合用，可节省一些建筑投资，但零部件越跨较多。它适用于产品加工路线短，外形尺寸不太长，备料与装焊单件小批生产的车间。

纵向生产线的车间适用于各种加工路线短、不太复杂的焊接产品的生产，包括质量不大的建筑金属结构的生产。

（2）迂回生产线平面布置　迂回生产线平面布置方案如图 8-3c 所示。车间工艺路线为迂回生产线方向。这种方式每一工段有 1～2 个跨间，备料与装焊分开跨间布置，厂房结构简单，经济实用。备料设备集中布置，调配方便，发展灵活。但是不管零部件加工路线长短，都必须要走较长的空程，并且长件越跨不便。

此种布置方案的车间适用于产品加工路线较长的单件小批、成批生产。

图 8-3d 所示为迂回生产线平面布置的另一种方案，只是车间面积较大，按照不同的加工工艺在各个车间里进行专业化生产，包括备料（剪切、刨边、气割下料等），零部件的装焊，最后到总装配焊接的车间。此种方案适用于桥式起重机成批生产的车间。

（3）纵横向生产线混合布置　纵横向生产线混合布置方案如图 8-3e 所示。车间工艺路线为纵横向混合生产线方向。备料设备既集中又分散布置，调配灵活。各装焊跨间可根据多种产品的不同要求分别组织生产。路线顺而短，又灵活、经济，但厂房结构较复杂，建筑费用较贵。此种方案适用于多种产品、单件小批、成批生产的炼油化工容器车间。

图8-3f所示为纵横向生产线混合布置的另一种方案，生产工艺路线短而紧凑。同类设备布置在同一跨内便于调配使用，工段划分灵活，中间半成品库调度方便。备料设备可利用柱间布置，面积可充分利用。共用的设备布置在两端，各跨可根据不同产品的装焊要求，分别布置。它适用于产品品种多而杂，并且量大的重型机器、矿山设备生产的车间。

车间标准的平面布置形式还有很多种，仅从以上介绍中可以看得出，车间平面的布置是由焊接产品的特征及生产纲领决定的。

模块三　焊接制造的质量管理和安全技术

在焊接过程中可能会产生有害气体、粉尘、弧光、高频电磁场、噪声等，还有可能发生触电、爆炸、烧伤、中毒和机械损伤等事故，以及尘肺、慢性中毒等职业病。这些都严重地危害着焊工及其他人员的生命安全与健康。加强各项安全防护的措施和组织措施，加强焊接技术人员的责任感，防止事故和灾害的发生，是十分必要的。

一、焊接制造的质量管理

质量管理就是指企业为了保证和提高产品质量，所进行的质量调查、计划、组织、协调、控制及信息反馈等各项管理工作的总称。

焊接制造的质量管理是焊接结构生产企业质量管理的主要部分。焊接制造的质量管理主要是对焊接材料、焊工、焊接设备、焊接工艺评定、产品焊接试板及焊接返修等环节进行管理，每一控制环节又有若干个控制点。表8-2列出了某压力容器企业焊接制造的质量管理控制环节和控制点。图8-4所示为某压力容器企业的焊接质量管理体系图。

表8-2　某压力容器企业焊接制造的质量管理控制环节和控制点

控制环节	控制点
1）焊工管理	①培训；②考试；③持证上岗；④业绩档案
2）焊接设备	①资源条件；②完好状态；③仪表周检
3）焊材管理	①采购；②验收或复验；③保管；④烘焙；⑤发放与回收
4）焊接工艺评定	①焊接性试验；②拟订WPS；③试验；④PQR
5）焊接工艺管理	①编制；②更改；③贯彻实施
6）产品施焊管理	①环境；②工艺纪律；③施焊过程与检验
7）产品焊接试板（含以批代台）	①试板制备；②试样制备
8）焊接返修	①一、二次返修；②超次返修审批；③母材缺陷补焊

二、焊接制造中的劳动保护

焊接对劳动卫生与环境危害的因素按性质可分为物理因素（弧光、噪声、高频电磁场、热、射线等）和化学因素（有害气体、粉尘）。

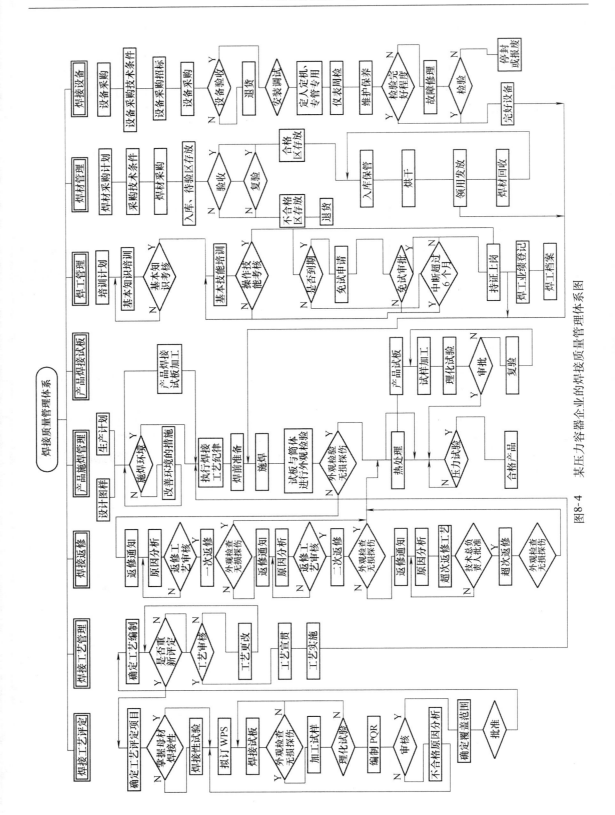

图8-4 某压力容器企业的焊接质量管理体系图

1. 光辐射

（1）光辐射的危害　弧光辐射是所有明弧焊共同具有的有害因素。焊条电弧焊的电弧温度达 5000~6000℃，可产生较强的光辐射。光辐射作用到人体被体内组织吸收，引起组织作用，致使人体组织发生急性或慢性的损伤。焊接过程中的光辐射由紫外线、红外线和可见光等组成。

1）焊接电弧产生的强烈紫外线的过度照射，会造成皮肤和眼睛的伤害。皮肤受强烈紫外线作用时，可引起皮炎、红斑等，并会形成不褪的色素沉积。紫外线的过度照射还会引起眼睛的急性角膜炎，称为电光性眼炎，能损害眼睛的结膜与角膜。

2）红外线通过人体组织的热作用，长波红外线被皮肤表面吸收产生热的感觉；短波红外线可被组织吸收，使血液和海绵组织损伤。眼部长期接触红外线可能造成红外线白内障，视力减退。

（2）光辐射的防护　为了防护电弧对眼睛的伤害，焊工在焊接时必须使用镶有特制滤光镜片的面罩，身着有隔热和屏蔽作用的工作服，以保护人体免受热辐射、光辐射和飞溅物等伤害。主要防护措施有护目镜、防护工作服、电焊手套、工作鞋等，有条件的车间还可以采用不反光而又有吸收光线的材料，工作室内墙壁的饰面进行车间弧光防护。

2. 高频电磁场

（1）高频电磁场的危害　氩弧焊和等离子弧焊，都广泛采用高频振荡器来产生引弧。人体在高频电磁场的作用下能吸收一定的辐射能量，产生生物学效应，长期接触强度较大的高频电磁场，会引起头晕、头痛、疲劳乏力、心悸、胸闷、神经衰弱及自主神经功能紊乱。

（2）高频电磁场的防护　为防止高频振荡器电磁辐射对作业人员的不良影响与危害，可采取如下措施。

1）使焊件良好地接地，其能降低高频电流，焊把对地的高频电位也可大幅度地降低，从而减少高频感应的有害影响。

2）在不影响使用的情况下，降低振荡器频率。脉冲频率越高，通过空间与绝缘体的能力越强，对人体影响越大。因此，降低振荡器频率，能使情况有所改善。

3）采用细铜线编织软线，套在电缆胶管外面的屏蔽线及地线，可大大减少高频电磁场对人体的影响。

4）降低作业现场的温度和湿度。温度越高，肌体所表现的症状越突出；湿度越大，越不利于人体散热。所以，加强通风降温，控制作业场所的温度和湿度，可以有效减少高频电磁场对肌体的影响。

3. 噪声

（1）噪声的危害　噪声存在于一切焊接工艺中，其中尤以旋转直流电弧焊、等离子弧切割、碳弧气刨、等离子弧喷涂噪声强度为最高。

噪声对人体的影响是多方面的。首先是对听觉器官，强烈的噪声可以引起听觉障碍、噪声性外伤、耳聋等症状。此外，噪声对中枢神经系统和血管系统也有不良作用，引起血压升高、心跳过速，还会使人厌倦、烦躁等。

（2）噪声的控制　焊接车间的噪声不得超过 90dB（A），控制噪声的方法有以下几种。

1）采用低噪声工艺及设备。如采用热切割代替机械剪切；采用热切割坡口代替铲坡口；采用整流、逆变电源代替旋转直流电焊机等。

2）采取隔声措施。对分散布置的噪声设备，宜采用隔声罩；对集中布置的高噪声设备，宜采用隔声间；对难以采用隔声罩或隔声间的某些高噪声设备，宜在声源附近或受声处设置隔声屏障。

3）采取吸声降噪措施，降低室内混响声。

4）操作者应佩戴隔声耳罩或隔声耳塞等个人防护器具。

4. 射线

（1）射线的危害　焊接过程的放射性危害，主要来自氩弧焊与等离子弧焊时的钍放射性污染和电子束焊时的 X 射线。氩弧焊和等离子弧焊使用的钍钨电极中的钍，是天然放射性物质，钍蒸发产生放射性气溶胶、钍射气。同时，钍及其蜕变产物产生 α、β、γ 射线。当人体受到的射线辐射剂量不超过允许值时，不会对人体产生危害。但是，人体长期受到超过允许剂量的照射，则可造成中枢神经系统、造血器官和消化系统的疾病。电子束焊时，产生的低能 X 射线，对人体只会造成外照射，危害程度较小，主要引起眼睛晶状体和皮肤损伤。如长期接受较高能量的 X 射线照射，则可出现神经衰弱和白细胞下降等症状。

（2）射线的防护　射线的防护主要采取以下措施。

1）综合性防护。如用薄金属板制成密封罩，在其内部完成施焊；将有毒气体、烟尘及放射性气溶胶等最大限度地控制在一定空间，通过排气、净化装置排到室外。

2）钍钨电极储存点应固定在地下室封闭箱内，钍钨电极修磨处应安装除尘设备。

3）对真空电子束焊等放射性强的作业点，应采取屏蔽防护。

5. 粉尘及有害气体

（1）粉尘及有害气体的危害　焊接电弧的高温将使金属剧烈蒸发，焊条和母材在焊接时也会产生各种金属气体和烟雾，它们在空气中冷凝并氧化成粉尘；电弧产生的辐射与空气中的氧和氮作用，将产生臭氧和氮的氧化物等有害气体。

粉尘与有害气体的多少与焊接参数、焊接材料的种类有关。例如：用碱性焊条焊接时产生的有害气体比酸性焊条高；气体保护焊时，保护气体在电弧高温作用下能离解出对人体有影响的气体。焊接粉尘和有害气体如果超过一定浓度，而工人又在这些条件下长期工作，没有良好的保护条件，焊工就容易得尘肺病、锰中毒、焊工金属热等职业病，影响焊工的身体健康。

（2）粉尘及有害气体的防护　减少粉尘及有害气体的措施有以下几点。

1）首先设法降低焊接材料的发尘量和粉尘毒性，如低氢型焊条内的萤石和水玻璃是强烈的发尘致毒物质，就应尽可能采用低尘、低毒低氢型焊条，如"J506D"低尘焊条。

2）从工艺上着手，提高焊接机械化和自动化程度。

3）加强通风，采用换气装置把新鲜空气输送至厂房或工作场地，并及时把有害物质和被污染的空气排出。通风可采取自然通风和机械通风，可全部通风也可局部通风。目前，采用较多的是局部机械通风。

三、焊接制造中的安全管理

如果没有安全管理措施和安全技术措施，工伤事故就难以避免。安全管理措施与安全技术措施之间是互相联系、互相配合的。它们是做好焊接安全工作的两个方面，缺一不可。

1. 焊工安全教育和考试

焊工安全教育是做好焊接安全生产工作的一项重要内容。它的意义和作用是使广大焊工掌握安全技术和科学知识，提高安全操作技术水平，遵守安全操作规程，避免工伤事故。

焊工刚入厂时，要接受厂、车间和生产小组的三级安全教育，同时安全教育要坚持经常化和宣传多样化。按照安全规则，焊工必须经过安全技术培训，并经过考试合格后才允许上岗独立操作。

2. 建立焊接安全责任制

安全责任制是把"管生产的必须管安全"的原则从制度上固定下来，是一项重要的安全制度。通过建立焊接安全责任制，对企业中各级领导、职能部门和有关工程技术人员等，在焊接安全工作中应负的责任明确地加以确定。

工程技术人员在从事产品设计、焊接方法选择、施工方案确定、焊接工艺规程编制、工夹具选用和设计等时，必须同时考虑安全技术要求，并应当有相应的安全措施。

总之，企业中各级领导、职能部门和有关工程技术人员，必须保证与焊接有关的现行劳动保护法令中所规定的安全技术标准和要求得到认真贯彻执行。

3. 焊接安全操作规程

焊接安全操作规程是人们在长期从事焊接操作实践中，克服各种不安全因素和消除工伤事故的科学经验总结。经过对已发生事故的多次分析和研究，认为焊接设备和工具的管理不善以及操作者失误是产生事故的两个主要原因。因此，建立和执行必要的安全操作规程，是保障焊工安全健康和促进安全生产的一项重要措施。

应当根据不同的焊接工艺来建立各类安全操作规程，如气焊与气割的安全操作规程、焊条电弧焊安全操作规程及气体保护焊安全操作规程等。

4. 焊接工作场地的组织

车辆通道的宽度不小于3m，人行通道的宽度不小于1.5m。操作现场的所有气焊胶管、焊接电缆线等，不得相互缠绕。用完的气瓶应及时移出工作场地，不得随便横躺竖放。焊工作业面积不应小于4m²，地面应基本干燥。

在焊割操作点周围10m直径的范围内严禁堆放各类可燃易爆物品，如木材、油脂、棉丝、保温材料和化工原料等。如果不能清除时，应采取可靠的安全措施。若操作现场附近有隔热保温等可燃材料的设备和工程结构，必须预先采取隔绝火星的安全措施，防止在其中隐藏火种，酿成火灾。

室外作业时，操作现场的地面与登高作业以及与起重设备的吊运工作之间，应密切配合，秩序井然而不得杂乱无章。在地沟、坑道、检查井、管段或半封闭地段等处作业时，应先用仪器判明其中有无爆炸和中毒的危险。用仪器进行检查分析时，禁止用火柴、燃着的纸张及在不安全的地方进行检查。对施焊现场附近敞开的孔洞和地沟，应用石棉板盖严，防止焊接时火花进入其内。

【工程应用实例】

工程机械厂金属结构车间平面布置

图8-5所示为工程机械厂金属结构车间，采用迂回生产方式的平面布置图。

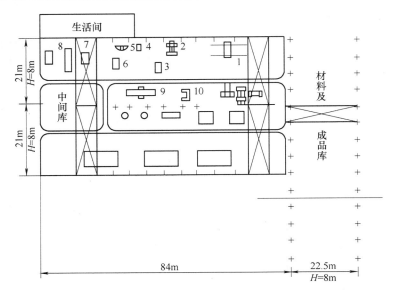

图 8-5　工程机械厂金属结构车间

1—CNC 气割机　2—6×1700mm 三辊卷板机　3—联合冲剪机　4—快速剪
5—φ50mm 摇臂钻床　6—250t 压力机　7—300t 油压机　8—主梁弯曲装置
9—1×3m 龙门刨床　10—6×2500mm 龙门剪床
注：另外还有 CO_2 气体保护焊机 20 台，焊条电弧焊机 15 台，变位机 2 台，平台若干

使用氧气替代压缩空气，引起爆炸事故

（1）事故经过　某五金商店一焊工在店堂内维修压缩机和冷凝器，在进行最后的气压试验时，因无压缩空气，焊工就用氧气来代替，当试压至 0.98MPa 时，压缩机出现漏气，该焊工立即进行补焊。在引弧一瞬间压缩机发生爆炸，店堂炸毁，焊工当场炸死，并造成多人受伤。

（2）原因分析

1）店堂内不可作为焊接场所。

2）补焊前应打开一切孔盖，必须在没有压力的情况下补焊。

3）氧气是助燃物质，不能替代压缩空气。

（3）预防措施

1）店堂内不可作为焊接场所，如急需焊接也应采取切实可行的防护措施，即在动火点10m 内无任何易燃物品、备有相应的灭火器材等。

2）补焊前应卸压。

3）严禁用氧气替代压缩空气作为试压气体。

【职业资格考证训练题】

一、填空题

1. 焊接结构制造过程的组织包括_____组织与_____组织。

2. 加工对象的移动方式可分为 _____、_____和_____三种。

3. 焊接车间一般由_____、_____和_____及_____等组成。

4. 车间生产单位组成的专业化形式主要有两种，即_____和_____。

5. 焊接场地车辆通道的宽度不小于_____ m，人行通道的宽度不小于_____ m。

二、判断题

1. 顺序移动方式是一批制品只有在前道工序全部加工完成之后才能整批地转移到下道工序进行加工的生产方式。　　　　　　　　　　　　　　（　　）

2. 紫外线的过度照射还会引起眼睛的急性角膜炎，称为电光性眼炎，会损害眼睛的结膜与角膜。　　　　　　　　　　　　　　　　　　　　　（　　）

3. 弧光辐射是所有明弧焊共同具有的有害因素。　　　　　　　　（　　）

4. 在焊割操作点周围 10m 直径的范围内严禁堆放各类可燃易爆物品。（　　）

5. 焊接过程的放射性危害，主要来自氩弧焊与等离子弧焊时的钍放射性污染和电子束焊时的 X 射线。　　　　　　　　　　　　　　　　　　　（　　）

参 考 文 献

[1]　中国机械工程学会焊接学会. 焊接手册：第3卷　焊接结构 ［M］. 3版. 北京：机械工业出版社，2008.

[2]　田锡唐. 焊接结构 ［M］. 北京：机械工业出版社，1996.

[3]　贾安东. 焊接结构与生产 ［M］. 2版. 北京：机械工业出版社，2007.

[4]　邓洪军. 焊接结构生产 ［M］. 北京：机械工业出版社，2004.

[5]　付荣柏. 焊接变形的控制与矫正 ［M］. 北京：机械工业出版社，2006.

[6]　陈祝年. 焊接工程师手册 ［M］. 北京：机械工业出版社，2002.

[7]　Ｃ Ａ 库尔金. 焊接结构生产工艺、机械化与自动化图册 ［M］. 北京：机械工业出版社，1995.

[8]　王云鹏，戴建树. 焊接结构生产 ［M］. 北京：机械工业出版社，2004.

[9]　宗培言. 焊接结构制造技术与装备 ［M］. 北京：机械工业出版社，2007.

[10]　张建勋. 现代焊接生产与管理 ［M］. 北京：机械工业出版社，2005.

[11]　邱葭菲，蔡郴英. 实用焊接技术 ［M］. 长沙：湖南科学技术出版社，2010.

[12]　陈祝年. 焊接设计简明手册 ［M］. 北京：机械工业出版社，1997.

[13]　王宗杰. 工程材料焊接技术问答 ［M］. 北京：机械工业出版社，2002.

[14]　邱葭菲，蔡郴英. 金属熔焊原理 ［M］. 北京：高等教育出版社，2009.

[15]　傅积和，孙玉林. 焊接数据资料手册 ［M］. 北京：机械工业出版社，1994.

[16]　王国凡. 钢结构焊接制造 ［M］. 北京：化学工业出版社，2004.